一
书
一
世
界

SoBooK

沙 发 图 书 馆

刘华杰 著

LIVING AS A NATURALIST

博物人生

北京大学出版社
PEKING UNIVERSITY PRESS

图书在版编目（CIP）数据

博物人生 / 刘华杰著. —2版. —北京：北京大学出版社，2016.1
（沙发图书馆·博物志）
ISBN 978-7-301-26253-5

Ⅰ.①博… Ⅱ.①刘… Ⅲ.①博物学－普及读物
Ⅳ.①N91-49

中国版本图书馆CIP数据核字（2015）第211241号

书　　　　名	博物人生（第2版）	
著 作 责 任 者	刘华杰　著	
责 任 编 辑	田　炜	
标 准 书 号	ISBN 978-7-301-26253-5	
出 版 发 行	北京大学出版社	
地　　　　址	北京市海淀区成府路205号　　100871	
网　　　　址	http://www.pup.cn　新浪官方微博：@北京大学出版社	
电 子 信 箱	pkuwsz@126.com	
电　　　　话	邮购部 62752015　发行部 62750672　编辑部 62750577	
印 　刷 　者	北京中科印刷有限公司	
经 　销 　者	新华书店	
	720毫米×1020毫米　32开本　11.75印张　250千字	
	2012年1月第1版	
	2016年1月第2版　2017年11月第2次印刷	
定　　　　价	78.00元	

目　录

第二版序

《博物人生》原为某丛书中的一种，约好了 2011 年 7 月 23 日交稿。赶上我要出国，匆忙写成，按时传给编辑。如果时间充裕，我可能写得稍完整些，比如内容翻两倍。2011 年 8 月 8 日我飞赴夏威夷访学一年。PDF 校样是 2011 年年底在檀香山看的，收到样书则是 2012 年 3 月份。事后得知，丛书中我是唯一按时交稿的人！ 2014 年底编辑田炜告知将重新排印一次，我可借机修订一下。

本书第一版出版之际，中国学术界对博物学的兴趣陡增，除了单篇论文外，到目前为止已有四个博物学专辑推出：

（1）江晓原、刘兵任主编的"我们的科学文化"系列刊出《好的归博物》专辑（上海：华东师范大学出版社，2011 年 6 月。2012 年 7 月我从美国返回时才拿到样书），我是本辑主持人。此辑得名于田松的著名文章"好的归科学"（原是用来讽刺科学主义的），不过，是在反讽的意义上使用；意在提醒自己，就像当年我用《以科学的名义》作书名一样。科学史的"博物学编史纲领"以"崔妮蒂"的名义在此首次亮相。感谢江晓原、刘兵两位主编对博物学的欣赏、认可。

（2）《广西民族大学学报》2011 年 12 月 33 卷 6 期刊出"回归博物学"专题，收录 12 篇文章。这是国内学术期刊上刊出最早的博物学专题，这得益于黄世杰编辑对博物学的热爱和慧眼。刘兵、田松、徐保军、熊姣、江晓原、黄世杰、秦红增、易华、韦丹芳等为此专辑撰写了论文，我是此期的封面人物，撰写了"博物学论纲"一文。

（3）《中国图书评论》2013 年第 10 期刊出一组博物学文章，我是专栏特约书评人。此期有我写的"博物顺生"、余欣的"中国博物学传统的重建"、李猛的"英国的博物学文化"等。

（4）《中国社会科学报》2014 年 12 月 26 日推出"博物学与人类文明"特别策划，刊出十多篇与博物学相关的文章，作者包括余欣、葛剑雄、江晓原、熊姣、贺云翱、钟无末等。另有一篇记者对我的专访。

上述四个专辑的推出以及国家社科基金以博物学立项，加上其他相关活动的开展，令博物学在中国的地位悄然变化。此次修订，按理说应当吸收众专家的成果重新阐述有关主题才是。但时间、精力不允许，考虑再三决定结构上不作变动，仅改正了若干错误，部分内容有修订、补充。《博物人生》不是佶屈聱牙的学术专著，但也是一份与自己相关的历史记录，我也不想把它改得面目全非。

《博物人生》出版后远超出我个人和出版社的预期，受到读者的普遍欢迎。第二次印刷，也很快售罄。此书被列入中央国家机关读书活动（由中央国家机关工委和新闻出版总署联合举办）2012 年下半年推荐书目 11 种之一，是科技类中唯一的一本。入选 2013 年度"大众喜爱的 50 种图书"（由国家新闻出版广电总局组织 13 家媒体评出）。入选中国国家图书馆第八届文津图书奖推荐图书。《天津日报》《南方日报》《中国图书商报》《大众科技报》《新发现》《中国图书评论》《中国科技教育》等媒体刊发了书评或者相关采访。梁文道先生还在凤凰卫视的"开卷八分钟"中介绍了《博物人生》，令我非常感动。若早知道人们如此喜欢此主题，我应该推迟交稿，把它写得更好一点！

北京大学校园中的蝎子草。2014 年前校园中并没有这种荨麻科植物。要当心不要让茎和叶脉上的刺碰到皮肤。它通常长在山上，不应当出现在校园中。估计是施工取土带来了种子。这大概跟薤白（小根蒜）进入北大的情况相似，并非有意引进。多年前北京大学校园是没有薤白的，但现在已经非常多。

　　《博物人生》的英文题目定为 "living as a naturalist"，许多朋友告诉我非常喜欢这一说法。不过也经常有人问我："在都市中如何实践博物人生？我们既没有时间，身边也没有野地啊！"《中国科学报》记者在介绍博物学家姜恩宇时也提到："很多人都会苦恼，文科出身的自己，怎样才能像探险家和科学家一样享受到自然的乐趣？"（张晶晶，2014.12.26）

　　的确，在狭义上理解博物学家（naturalist）和野地，是与普通人有些距离。但是，重要的是转变态度。态度一变，不论出身、原有专业，我们的眼睛就能处处发现有趣的东西。当探险家、科学家不容易，当一名博物学家还是可以的，而且每个人都可以小有收获。谁是博物学家？书中有讨论。比如徐霞客、林奈、洪堡、华莱士、迈尔、洛克就是。但是即使这些大人物，身份也经常被误置。比如达尔文的一部书被译作《一个自然科学家在贝格尔舰上的环球旅行记》(科学出版社，1957 年)，华莱士的一部书被翻译成《马来群岛自然科学考察记》(中国青年出版社，2013 年)，哪来的"自然科学""自然科学家"？他们所做的工作确实有一部分可算作自然科学，但整体上不能算，原书名中也没有自然科学（家）的含义。

普通人当不了林奈、达尔文、华莱士、缪尔、纳博科夫这个级别的博物学家，并不等于说其他级别的当不了！人人可以成为博物学家，这不是在忽悠大家，试试就知道所言不虚。

在小区和校园中就可以实践博物人生，观察熟悉的环境也能有所发现。比如，我对北京大学校园还算熟悉，但是今年 9 月 19 日走在校园中，突然发现多了两种植物。知道了又怎样？不怎样，自己觉得好玩呗！

想起了海子的诗：

> 从明天起，做一个幸福的人
> 喂马，劈柴，周游世界
> 从明天起，关心粮食和蔬菜
> 我有一所房子，面朝大海，春暖花开

祝大家心情好，博物自在！

刘华杰

2014 年 12 月 28 日于北京大学

四川阿坝毕棚沟雪山

文化传统与生活方式

最终，决定我们社会的将不仅仅取决于我们创造了什么，还在于我们拒绝去破坏什么！

——索希尔（John C. Sawhill, 1936—2000）

野花如同春天和秋天的彩霞，如同日出和日落，如同百鸟的鸣唱，如同女人的美发、明眸与婀娜多姿的步态，最先教我们的祖先懂得：我们的星球上存在着无用但却美好的东西。

——梅特林克（Maurice Maeterlinck, 1862—1949）

如秋日芒草上 / 落下的露珠 / 我也将要消失。

——《万叶集》之《日置长枝娘子歌一首》

分类十分要紧，也是博物学的基本功。不同的分类方案决定了不同的强调重点。

世上的人分为两类，一类喜爱大自然，一类不喜爱大自然。当然，还有一些人觉得自己喜爱或者声称喜爱，实际上并非如此，这些人应当归在第二类当中。

我属于第一类，虽然并非总能做得好。人各有志，我喜欢我的，你喜欢你的，井水不犯河水。

我在东北长白山的山沟里长大，小时候一直保持着与大自然良好的接触。在父亲并非刻意的指导下、在一本有插图的《赤脚医生手册》（吉林人民出版社，1970 年）的帮助下，认识了山里的许多植物，特别是当地的草药。顺便指出，类似地，奥勃罗契夫主编的《研究自己的乡土》（中国青年出版社，1955 年）也没有过时，重视"地方性知识"的建议在当下看仍然是"先进"的！

那时，出门就是山，采蕨菜、大叶芹（鸭儿芹）、刺嫩芽、挖荠荠菜、小根蒜、婆婆丁（蒲公英）、曲麻菜（长裂苦苣菜）、山胡萝卜（羊乳）、山凳子（大花卷丹）、党参、细辛、龙胆草，捉喇蛄、狗虾、鲫呱子（鲫鱼），摘笸笸头（牛叠肚）、山葡萄、山里红、拣地甲皮（地皮菜），打山核桃，套长尾巴帘儿（灰喜鹊）等等，每项活动做起来、想起来都是那样有趣。那是"干活儿"、生活，也是游戏。有些活动还可细分，如拣蘑菇包括拣杨树蘑、小青蘑、松树伞、扫帚蘑、黏团子（牛肝菌）、玉皇蘑、榛蘑、猪嘴蘑等等，哪一片林子何时出产哪一种蘑菇，小小的我都一清二楚。并非我有什么特别本事，相关的知识山里人都知道。山里人随时上山采集，就像城里人从这个房间到那个房间取东西、从这家商场到那家超市购物一般。家与周围的自然世界没有严格的区分，大自然是家的延伸。冬季一到，就要上山割柴。在高山上往下放爬犁，积雪飞溅，树丛快速向后面倒去，真是刺激、好玩。那时上山从来不带水，随处可见的山泉、树液、野果、冰雪都能解渴。小时候也干些农活，用背拉犁杖（耕犁），锄草，栽土豆（马铃薯）、地瓜（红薯）、茄子、西红柿、辣椒，种苞米、烟草、韭菜、花生、向日葵、豆子（大豆），年年都要做。

儿时，我对土地就颇有好感，这种感情始终保持着。我固执地以为，人世间的一切价值最终都依附于土地，离开了土地，个人、人类就不能存活。这可能是朴素的土地情结、农民情结。读博士后，知道了拉夫洛克的盖娅假说和利奥波德土地伦理思想后，这种感情上升为一种信念。

细想起来，当时家里的生活还是蛮艰苦的，收入很少，口粮不够吃。为防止变成修正主义、资本主义，那时候山里有土地却不允许"开小片荒"（指自己开荒种地）。大自然是如此丰饶，日常所需除了按"卡片"（户口本）供给的之外，都到山上寻找。

从小长在山里，方圆十几公里的山谷、林地可以随意跑，一直到现在我也不喜欢城里。后来到市里住校读高中，甚至在高考前，我也时常到学校的后山上闲逛，讲给老师的理由是：到山上"背政治"效果好一些。仗着学习成绩还好，老师网开一面，睁一只眼闭一只眼。

高二参加过一个地学夏令营，全国的总营长是地质地理学大师侯仁之先生，吉林分营的营长是长春地质学院的董申葆先生（后来调入北京大学）。两位都是学部委员（院士）。董先生亲自带队，夏令营生活有趣极了：采化石、观玄武岩节理、量沉积岩产状、寻找水晶晶体等等。玄武岩的英文 basalt 就是董先生在伊通一个火山口处教我们的，自然记得颇牢。高考时毫不犹豫就报了地质学系。

　　我顺利考上北京大学地质学系，专业是"岩石矿物及地球化学"。1984 年 9 月初入学，马上就赶上国庆阅兵、游行。本科期间，地质学专业学得还凑合，听了大量各学科的讲座。社会活动也没少参与，比如担任过班长、系学生会主席，与同学合作在全校创办了北大学生摄影学会。不知道为什么，几年下来，我却变得与大自然隔膜了，对数理和纯哲学发生了兴趣。由本科而硕士、博士，竟然差不多把大自然忘却了。1987 年在一教听了力学系黄永念教授主讲的一门研究生课"浑沌与稳定性理论"，决定考研。1988 年考到中国人民大学哲学系。研究生阶段我关注科学意义上的浑沌（chaos）、分形（fractal）和复杂性，而这最终又把我从虚幻的理想世界引回到五彩缤纷、复杂多变、坚实可感的现实世界。1994 年我博士毕业后，童年时全身心投入大自然的记忆被唤醒，再次找到亲近大自然的感觉。我一直在琢磨科学哲学、科学史如何与博物学深度结合。十多年来，无论走到哪里，都会留意周围的花草；一有空闲，我便上山看植物。如果有一阵子没有上山，就会浑身不自在。一点一点地，我发觉还是在大自然中，我找到了真正的自我，因而也喜欢与同类人打交道。我招研究生，就明确写出了要求：首先要真的喜爱大自然。

　　我们的祖先是热爱大自然的，中国的古代文明有着浓厚的博物色彩。也可以不无夸张地说，中国人本来是靠博物而生存下来的。只是在最近两百年里，由于中西碰撞，受外在的压力，我们迅速抛弃了传统，遗忘了自己的文化。抛弃传统的一个主要理由是，我们的文化不够科学、没有力量，因而没有竞争优势。这套逻辑成立吗？

　　2011 年 6 月我们来到四川雅安一个偏僻的古镇，冷清的小街上个性鲜明、坚固而雅致的"花础"，依然散发着浓浓的明清文化气息。那时的建筑，哪怕只是一个普通小村庄的建筑，也是十分讲究的。现在有多少人能解析其雕刻的含义，甚至有多少人知道那东西叫"花础"？

四川雅安望鱼古镇的两个"花础"。花础，木柱下之石礅也。坐标：北纬 29 度 45.26 分，东经 103 度 0.72 分。

两百多年来，特别是最近不到一百年的时间里，中国人已经很难称为中国人了，因为我们对自己的文化陌生起来，空具一身皮囊。现代学校培养出来的高中生、大学生，基本读不了中国古文，读洋文也不轻松。好在我们当今使用的汉字，虽经简化，依然部分保持了原有的博物特点。比如"草芸芋芄莪芍芨苤芎葛苞荞茶荙荨菱荷萧萁蕨蕨"。无需专门解释，这些汉字与认知和文化有关系，包含着分类的信息。

博物学很在乎分类，分类也是人类所有知识当中最基础、最核心的部分。分类，未必是当今课堂上某某学问中讲的科学分类。从知识社会学、人类学的角度看，历史上出现的任何分类，必有其依据。如今我们思考那些分类，就涉及名物学、博物学、知识社会学。看一个例子，有一组植物：茄子、椰子、梨、榆叶梅、樱花、辣椒。对此能有哪些分类方案呢？可以按产地分、按用途分、按草木分、按"科"分。中间四种是木本，椰子是檄木（中国古人的一种分类），梨和樱花为乔木，榆叶梅为灌木。茄子与辣椒为茄科，椰子为棕榈科，其余三者为蔷薇科。

只钻研历史而忘却了现在，只顾及理论而不亲自实践，不划算、不聪明。

阿加西（Louis Agassiz，1807—1873）曾说："Study nature, not books."他的意思并非不要读书，而是不要成为书呆子。博物学家要尽可能直接探究大自然。比较平衡的说法是杂志、纸书、电子书要读，大自然这部大书更要读，两者可以相互补充。关注博物学，最好一阶与二阶同时进行，知行统一。二阶探讨指史学、哲学、社会学方面的学术研究，一阶则侧重个人体验和自然科学探究。光说不练，当然也可以，只是有些遗憾。把日常生活与花鸟鱼虫等分类结合起来，便能开拓自己的视野，找到无穷的乐趣。分类是第一步，分类与其他工作也是有密切联系的。分类能够沟通宏观与微观、人为体系与自然体系，由分类最终必然进入"演化论"（进化论），站在无机界和有机界综合演化的层面看待结构、功能、知识、目的、价值、伦理、神性等等问题。

2011年4月30日我在新浪博客中游荡，发现山东济宁一位小伙子的博客上写着：博主"闲时嗜观鸟，以观为主，以探索其习性为乐"。他是一位鸟类爱好者，列出自己观察过的"我的鸟种"："白头鹎、白鹡鸰、斑嘴鸭、小鹀鹀、夜鹭、麻雀、喜鹊、灰喜鹊、云雀、达乌里寒鸦、大嘴乌鸦、灰椋鸟、珠颈斑鸠、山斑鸠、红隼、纵纹腹小鸮、大天鹅、绿翅鸭、白秋沙鸭、大山雀、棕头鸦雀、乌鸫、金翅雀、戴胜、环颈雉、家燕、绿头鸭、北红尾鸲、棕背伯劳、池鹭、青脚鹬。"我相信，在中国热衷观鸟的年轻人会越来越多。

在北京大学校园也能看到许多鸟，因为自己在观鸟方面不在行，相当多不认识。也认得若干鸟，比如喜鹊、家麻雀、灰椋鸟、鸳鸯、绿头鸭、红嘴蓝鹊、乌鸦、戴胜、灰喜鹊、灰头绿啄木鸟、大斑啄木鸟等。对于认得鸟的人，我都很羡慕。谁比我多认识一种，谁就是我的老师。只要留心，就容易发现我们生活的社区、学校，生物多样性通常比我们想象的要丰富。2011年据我初步统计，北京大学承泽园

（仅限于铁栏和围墙圈起来的范围）共有 37 科 70 种（species）植物，特色植物有流苏树、石榴、大花野豌豆、蜡梅、君迁子、枸杞、大丁草、雀儿舌。北京大学校园内的植物也处在不断变化之中，如学生一般，有的走了，有的来了。

分类、博物，颇在乎名字。行博物一道，为何如此在乎名字？类似的事情，我被问过无数次。北京水毛茛、偏翅唐松草、川赤芍、金莲花、高乌头、牛扁、云南翠雀花、野棉花、白头翁、长瓣铁线莲、铁筷子，等等，都是些什么东西，简直不知所云！为何要知道这些？只是为了"显摆"一下？回答是，如果没有这些名字，恰好"不知所

北京大学承泽园中的蜡梅，2011 年摄。

云"！名字是入口，是敲门砖，是钥匙。有时，当场说出几种小草的名字，就能赢得一些信任，甚至交上朋友。打个比方，就好像同学、同事在讨论美女，而你没听说过西施、貂蝉、王昭君、杨玉环，不知道梦露、奥黛丽·赫本、费雯丽、莎朗·斯通、莫妮卡·贝鲁奇，也不晓得林徽因、章子怡、张曼玉、林凤娇、林志玲，或者你只是听说过若干名字，却把貂蝉、梦露的风流韵事错误地安排在了林徽因、林志玲头上。设想一下，那会怎样？植物与美女，其实是一样的，只不过一个是小众话题，一个是大众话题。这样看问题，是否贬低了人物而抬高了植物？非也！上述植物分属于毛茛科的 11 个不同的种，而上述美女都属于人科的 1 个种！

如果再追问下去，知道了名字又怎样？干脆的回答是："也不怎么样！"作家狄勒德其实已经讲过了："我想做的，并不是去学得这山谷中各种蓬勃生命的名称，而是要让自己对其意义保持开放的态度，也就是要尝试让自己时时刻刻感受其存在所可能具有的最大力量，并留下印象。"（狄勒德，2000：166）这一回答适用于植物，也适用于美女。愿我们有同样的兴致谈论美女和植物。当然，首先要清楚谈的是哪一个、哪一位。

名称十分重要，但所有名称不过是由头、代号，是途径、方法、手段。目的吗，你知，我知。藉由名称，人们明确指称、事物的内容以及人生理想。

对于博物学爱好者，或者有此意愿的朋友，可提出一项建议：按名称排列，建立自己的自然档案！用五年、十年，甚至一生的时间不

偏翅唐松草（*Thalictrum delavayi*）。2008 年
8 月 17 日摄于云南泸沽湖。

断扩充之。题材可以任意选择，但不宜多。一开始，必须只选择一个具体的题材。有收缩才有扩张，以窄见宽，稳步拓展自己的世界。只要尝试一下，就会验证这绝不是虚言。

在当今时代，不鼓励采标本，但鼓励拍摄、绘画、笔记。绝对有必要购买一部还过得过去的相机。一开始，不要幻想拍得多么艺术，而是要拍得清晰，把对象的分类特征拍出来。第二步是把片子拍得漂亮一点。拍出满意的照片相当困难，可能一年当中也拍不出一张像样的片子，这也没关系，因为我们不是职业摄影师。天气不好时，要不要拍摄？一定要拍，机会可能只有一次。但要记住，好片子一定是光线组合恰当的片子，我们要尽可能找好天气外出拍摄。不要迷信在电脑上后期调整，要把功夫花在按快门的瞬间。

可以适当补读一些中国古代博物类图书，甚至要从一些小儿科的读物开始，比如《幼学琼林》《遵生八笺》《诗经》之类。

《幼学琼林》内容十分广泛，天文地理、婚丧嫁娶、风俗礼仪、释道鬼神、节令时尚、衣食住行、制作技艺、鸟兽花木等等，都囊括其中。"读了《增广》会讲话，读了《幼学》走天下"。《幼学琼林》卷四之"花木"，位于《幼学琼林》最后一章，讲述了大量植物的故事。比如："植物非一，故有万卉之名；谷种甚多，故有百谷之号。如茨如梁，谓禾稼之蕃；惟夭惟乔，谓草木之茂。莲乃花中君子，海棠花内神仙。国色天香，乃牡丹之富贵；冰肌玉骨，乃梅萼之清奇。兰为王者之香，菊同隐逸之士。竹称君子，松号大夫。萱草可忘忧，屈轶能指佞。筼筜，竹之别号；木樨，桂之别名。明日黄花，过时之物；岁寒松柏，有节之

奥黛丽·赫本（1929—1993），好莱坞著名影星、慈善家，被称为"人间天使"。

称。"这里有对子，有知识，也有更广的文化。

从研究的角度关注中国古代博物学，对于知识分子来说，是一项极为重要的文化使命。但是这项工作做起来非常困难，不能太急，也不宜表现得过分"爱国"。还是要有全球视野，先了解世界历史上博物学的发展脉络，尽可能清晰地界定我们的古代文明。在此基础上，恰如其分地评价我们的传统文化，抽象或者非抽象地继承之。当前，随着中国国际地位的提升，中国传统文化已经引起多方注意，博物学视角是其中一个重视不够的维度和窗口。举一个具体例子，郦道元的《水经注》记载植物 140 多种，李珣的《海药本草》记载外来植物 130 种左右，那些植物现在叫什么名，如何与拉丁学名对应起来，均需要做深入细致的研究工作。弄清楚指称关系是最基础性的工作，对于其他研究很有帮助。

相比于其他学问，博物学的力量是微弱的，这正是我喜欢它、鼓吹它的原因之一！因为这样，它对人地系统的危害也相对小。沿着博物学的传统，做不出原子武器、生化武器，也不会制造出"无敌浩克"（*The Incredible Hulk*）式的怪物。在危害小的前提下，博物学是有趣的，愿更多的朋友掘发之，享受之。

博物，可以成为我们的一种生活方式！

本书第一章概括介绍博物学的一般性质和地位，包括我个人的期望。第二章讨论西方世界的若干博物学家，涉及的人数可以再扩大一倍、十倍。非常遗憾，这次本应该多讨论几位，比如包括维吉尔、梭

西双版纳的兰花螳螂（*Hymenopus coronatus*）。它昆虫中的伪装高手。姜虹 2011 年拍摄。如果读者对这样的昆虫及其所反映的精巧生命进化过程不感兴趣，那么就不必读本书了。

罗、利奥波德、缪尔、巴勒斯、法布尔、林德利、普里什文、华莱士、格雷、瓦维洛夫、劳伦兹、威尔逊等。如果扩大到 100 个人物，就有西方博物学史、西方科学史的模样了。但我想，系统的博物学家谱系还是留给专书介绍吧！现在书店里很缺乏《中国博物学家》这样的图书。

按理说，第三章应该讨论中国或者东方世界的博物学家了？没错，但没有那样做。不是没有合格的博物学家，而是基于其他种种考虑而没有讨论。中国有优秀的博物学家，比如张华（232—300）、郦道元（约470—527）、贾思勰（六世纪，具体生卒年不详）、孙思邈（581—682）、贾耽（730—805）、陆龟蒙（生年不详—881）、沈括（1031—1095）、唐慎微（1056—1136）、郑樵（1104—1162）、朱橚（1361—1425）、李时珍（1518—1593）、徐霞客（1587—1641）、李渔（1611—1680）、吴其濬（1789—1847）、钟观光（1868—1940）、竺可桢（1890—1974）、蔡希陶（1911—1981）、王世襄（1914—2009）、吴征镒（1916—2013）、潘文石、马未都、赵欣如、吕植、赵力、张巍巍等。也许有一天我会像艾伦（David Elliston Allen）写《不列颠博物学家》一样写一本《中国博物学家》。实际的第三章，讨论了中国古代文化中的《诗经》，并特别关注了"博物之兴"。类似的论题可以安排多章。

第四章内容是民国期间的博物学著作和杂志。从诗经时代起到解放前，博物学在中国连绵不断，为何只谈最后一段中的一部分问题？没办法，系统讨论博物学史，现在还做不到。管中窥豹，也能大致猜出博物学曾经是什么样，应该是什么样。

第五章又回到国际舞台，讨论对于发展博物学极为重要的民间组织，而这正是当下我们极欠缺的。

最后一章谈得更具体，就我本人而言，博物学如何与日常生活结合起来。我讨论的内容只限于植物，人们完全可以扩展到哺乳动物、昆虫、贝类、鱼类、鸟类、岩石、矿物、冰川等等，题材甚至可以更细。于是，从第二章起，现在所写的内容只是一些举例。我相信，这种举例会给读者留下足够的想象空间。

博物，包罗万象；"博物人生"，涵盖的内容更多。本书只掀开窗帘的一个小角，希望读者能有所得。大家共同参与，才能真正成就普遍的博物人生。说到底，未来的博物学需要大家共同来建构。

第一章

博物视角下的人类知识

科学应当采用另外的一种方式，但它没有。为什么？

——利奥波德（Aldo Leopold, 1887—1948）

作为一种思想形式的自然科学，存在于且一直存在于一个历史的与境之中，并且其存在依赖于历史思想。

——柯林伍德（Robin George Collingwood, 1889—1943）

粒子物理学中出现一些两难，恰好是因为我们假定，看待亚原子构体的方式可以与看待桌球的方式完全一样。对所有这些意象性以及相关的特定对象种类进行归类和区分，就是现象学所要做的那种哲学工作。

——索科拉夫斯基（Robert Sokolowski）

博物学是我个人非常看重的一种知识形态，一种生存方式。只有放在较大的时空中、放在文明形态的视野中考虑，才能看清它肤浅却高贵的真身。

博物学存在过，发达过，衰落了，但仍然可能复兴。这是我的信念。

博物学与现象学有着遥远而又亲近的关联，两者旨趣不同，却可以相互支持。不过，一开始没必要扯上"被学究化"的现象学。当我们有了大量的"自然态度"做准备时，进入"现象学态度"看问题就比较自然了。①

1.1 关注博物学的理由

谁也不会无缘由地提起博物学。回想一下，我呼吁恢复博物学教育已经有十几个年头了，起初别说响应者极少，连我自己也不敢多想、深想。

一个又一个鲜活的事件让人们感受着环境在不断恶化、天人系统的生存变得不可持续。如火如荼的工业化将毁灭"人"这个物种并给"人"以外的世界带来灾难，知识分子应当探寻新的文明类型！对科学哲学、科学知识社会学、科学编史学、人类学、生态学、环境伦理学、

---

① 一部较好的现象学入门书是索科拉夫斯基写的《现象学导论》（武汉大学出版社，2009 年）；复兴博物学的必要性，从胡塞尔论"科学危机"中能找到一部分论述（可参考胡塞尔的《欧洲科学危机和超验现象学》，上海译文出版社，1988 年）。

认知科学的学习，很自然地把我引向一门久远的学问——博物学。现在需要关注它、复兴它；它不应当是过去时，而应当是现在时。在接受记者采访时我曾说："我的专业是科技哲学，我一直在考虑近现代科技在人类文明中扮演什么角色。博物学最终帮我完成了科学观的升级，让我超越了科学主义。"（林丹夕，2011.01.13）博物学让我们回到生命母体（王其冰，2015.01.19），博物学让我们看到了文明延续的希望。

梭罗说："野地里蕴涵着这个世界的救赎。"

对我个人而言，重启博物学是一系列哲学反思后的具体行动，不能再沾沾自喜，也不能仅停留于空口论道了。

1.1.1 近现代科技的异化发展和知识增长的悖论

高速发展的现代科技作为滚滚向前的火车头牵引人类社会和自然环境系统加速行进。在唯科学主义的视角下，科学技术，特别是近现代的科学技术，有着美丽而神圣的光环，它继承了其前任基督教上帝的所有"超能力"：实际的物质能力和想象的解释能力。然而稍反思一下就不难发现，这种高度崇尚智力、知性、力量、速度的科技和相关文化，已经走上一条异化的道路，手段本身成了目的，已相当程度上脱离了人性和人味；理性已经转变为非理性，聪明已经转变为愚昧。

我们处在知识"爆炸"的年代，同时也处在各种恐怖主义真实爆炸威胁的年代，一些高科技不是"胜残去杀"，而是怂恿人们恶斗，这增加了世界的不确定性和风险。社会、生命的节奏越来越快，许多人甚至希望由科技支撑的现代性车轮转得更快。

　　技术乐观主义者以为，如果这世界上有什么问题，更多的高科技将解决之。

　　有一次我在微博上回答网友提问时说："为什么不能把盖茨当作慈善家？因为整体上看他做的坏事多，把这个地球折腾得够呛。局部上看他当然捐了不少钱、做了好事。写新型科技史的话，会提到盖茨，但要批判他。"此帖源于一则报道"比尔·盖茨喝'粪水'的启示"（薛之白，2015.01.09），当时我半开玩笑地评论道："折腾完电脑又折腾别的领域，回顾一下他鼓动的快速的不必要的升级给信息产业留下了多少垃圾，造成了多大的环境危害。任何处理都是熵增过程。盖茨的这类忽悠让领导人产生一种幻觉：以为工业文明是可持续的。"

　　再看一个例子："中国疾病预防控制中心精神卫生中心 2009 年公布的数据显示，我国各类精神障碍患者人数在 1 亿人以上，严重精神障碍患者人数超过 1600 万人。这意味着每 13 个人中，就有 1 人是精神障碍患者；每 100 人中，就有 1 人是重症精神病人。"（杜祎洁，2015.01.16）首都北京如何呢？北京市严重精神障碍患病率为 10.03‰，约 15 万人有严重精神障碍（李敬福，2013.5.11）。社会发展了，科技进步了，人"精神"了还是"神经"了？

　　高科技据说是用来防范风险的，这只描述了一个侧面。在风险社会中，高科技本身就是风险。温州某公安分局用纳税人的钱公开采购木马病毒程序，令人们大开眼界："可植入木马，监控手机，总价 14.9 万元。供货单位显示为武汉虹信通信技术有限责任公司。"（光明网，2015.01.09；联合早报网，2015.01.09）此消息先见于联合早报网和凤

花葱。摄于北京白草畔。

凰网，内地媒体有转载，但立即被删除。不久又有多家官方媒体委婉报道这一不光彩行为。其实，科技已异化，这不算什么秘密，许多国家的许多部门都在干着类似的勾当，其行为与罪犯的行为之差异仅表现为一个堂而皇之，一个鬼鬼祟祟。

人类并没有如启蒙时代以来进步论者所设想或者承诺的那样，随着上帝的被驱逐、科技的进步，摆脱了恐惧，生活得更有尊严、更为幸福。一批又一批学子不得不在各级学校中"浪费"人生中的大好时光，人们甚至希望学制进一步拉长，因为我们有的是知识要学习，"人"这个智慧物种创造出了五花八门的知识。当然不是因为"少不学，老何为"，而是因为学习是战胜同桌、同事、同胞、同类以及大自然的砝码，由智力角逐而来的"优胜劣汰"将决定占有世界资源的份额。这一血腥的过程被美化为达到所谓的终极公平，推动人类社会进步。

子曰："君子不器"（《论语·为政篇》），而我们现在几乎是人人自器。孔子不希望把人培养成某一方面的器具，而我们现在争着把自己塑造成某一种器具。

求知识为了什么？我们需要什么的知识？我们需要多少知识？

1.1.2 西方中心论的偏见

即使我们不那么反科学，或者没有勇气旗帜鲜明地反科学，[1] 变

---

[1] "反科学"名声不佳，甚至有某种罪名，但是，反科学有许多种，包括"反思科学"，也包括"科学地反科学"和"人文地反科学"。反科学未必是非理性的、不讲理的，除非事先假定唯科学主义的科学观。反科学通常是指反科学主义。按田松教授的一个新说法，科学主义与反科学主义并不处在同一层面上，它们两者并不直接形成对照。反科学主义所在的层面更高，打个比方，如果科学主义在一楼东侧，那么反科学主义并不处在一楼的西侧或者一楼别的地方，而是处于二楼的某处。

得温和一些，认为知识总体上还是好的，值得继承和推进的，那么也存在一个明显的问题。如何区分不同的知识，哪些知识是好的？值得优先学习的？因为在今日世界，通晓全部知识已无可能。

有幸或不幸，身为中国人，我们清楚地知道，现代性的教育体制中，我们在课堂学习的知识，几乎与我们祖先的文明体系毫不相干，哪条科学定律与中国人有关联？[①] 平等、自由、民主等时尚的现代社会信条中哪一条来自中国？

在目前的教科书和科学史中，中国古人对当下知识、信念的贡献可以忽略不计。我们从祖先那里除继承了若干基因外，还继承了哪些拟子（meme）？[②] 如果回答是几乎没有或说不清楚，那么我们凭什么还叫中国人？

李约瑟和坦普尔（Robert K.G. Temple）的"夸奖"确实让一些爱国者高兴了很久。其实他们所持的也是西方中心论，中国古人所做的东西哪些值得提及，或者如何替中国人争几个第一，完全是参照人家西方的"正常历史进程"得出来的。中国人几千年是如何生活过来的？中国人世世代代生存所运用所传承的知识和智慧在哪里？仅仅是当下偶尔出出镜的"国学"吗？范围再扩大一些，全世界的非西方人，他们是如何生存过来的，他们的知识体系如何？他们的知识过时了吗？

---

① 力学史专家戴念祖先生经多年研究发现，虎克定律叫做郑玄-虎克定律可能更公平！即使这样算，这也不影响大局。据朱照宣教授，中国古代只有平均速度的概念，而无加速度的概念。这样一来，中国古代不可能有近现代力学。没有近代力学并不意味着中国不行、不文明。

② 拟子（meme）是由道金斯提出的与基因（gene）相对照的一个极具启发性的概念。此词也译作"谜米"，可参见道金斯的《自私的基因》（*The Selfish Gene*）和布莱克摩尔的《谜米机器》（*The Meme Machine*）。

蔷薇科缘毛太行花。摄于河北武安。

以西方为中心，并以其中较近的数理科学的观念撰写人类科技史，中国古代文化中能写入的东西并不多，即使写入了也比较勉强。爱国主义在此帮不上大忙。

1.1.3 百姓需要自己能够理解并能亲身实践的知识体系

近现代科技被专门化、数学化，在每个领域只能为越来越少的专家所掌握。高科技的细节远离百姓几乎是命中注定。这种科技支持越来越复杂、神奇、不稳定的人造世界、虚拟世界，总体上说它让人们忘却、远离活生生的大自然和普通的日常世界。现代的自然科学及其技术，已经变得越来越不自然。

面对国家、利益集团、智力精英主宰、把持的现代科技，百姓能做什么？能期盼什么？

中国社会科学院段伟文先生曾创造性地提出从"人类有限知行体系"的角度审视科学（段伟文，2008：130）。也可以用这一视角看待博物学，而且更为恰当。作为人类古老知行体系的博物学，与人类这个物种的日常生活密切相联，它不是武功秘籍，并不神秘，我们也不想把它神化。在传统社会中，博物学是人这个物种在大自然中为适应环境、世代可持续生存而演化出来的显性和隐性的知识与技能形态。

博物学包含着真正的"自然科学""自然技术"。显然，这不是指当下科技工作者操练的"科技"。

1.1.4 重写人类科技史甚至文明史

在过去的一百多年中，我们过分依赖于近现代以强力面貌出现的西方文明参照系。按目前的学术框架弘扬中华传统文化，可施展的空间有限。

换种角度考虑，以博物学的观念重写人类科技史，在更大尺度上考虑文明的变迁，面貌可能大为改观。博物学传承着人类的文明，是久经考验的非常自然的学问，它不是高科技，却有可能为人类未来的可持续生存指明道路。哪种写法更真实、更正确？这涉及我们对实在、真理、科学、历史客观性、现代性、理想社会的一整套看法。首先我们需要解放思想，转换范式，要发现建构论、相对主义、地方性知识等思想的启示作用。

我们需要一种实用的、有很好的解释功能的关于知识的社会学，可是无论是曼海姆早期的知识社会学，还是默顿的科学社会学以及布鲁尔等人的科学知识社会学（SSK），虽有启发性却很不够，还不足以透彻分析人类知识增长、人口增长与人类持久生存的困境。

1.2 博物学：是什么？展现了什么？

博物学已经不见于课程表，多数现代人对此极为陌生。我们可以通过多种角度大致描述博物学。从知识论的角度看，博物学是指与数理科学、还原论科学相对立的对大自然事物的分类、宏观描述以及对系统内在关联的研究，既包括思想观念也包含实用技术。地质学、矿物学、植物学、昆虫学来源于博物学，最近较为时尚的生态学也是从博物学中产生出来的。

何谓博物学？博物学为何似乎消失了？我这里先引用梅里厄姆（Clinton Hart Merriam，1855—1942）于 19 世纪末发表在《科学》杂志上的一篇文章的描述：

> 随着生理学、组织学和胚胎学的研究日渐盛行，系统的博物学逐渐被忽视，甚至从大学课堂中销声匿迹，博物学家也几近绝迹。以往通常认为博物学包括地质学、动物学和植物学三门学科，精于此类学科的人被称为博物学家。地质学逐渐独立出来，现在各个大学都把它作为一门学科单独讲授；现在看来，地质课似乎可以取消，但要注意的是如果一个博物学家对地质学一无所知的话，是很难开展其研究的。剩下的两个生物学分支（动物学和植物学）对博物学家来讲似乎已经足矣，但这两门学科的教学已发生了很大的改变；"博物学家"这个词也逐渐被"生物学家"取而代之，有人甚至觉得"生物学"这个词的意义也今非昔比。动物系统学已经不复存在了，即使在鲜有的几个大学还有这门课，也是处于可有可无的尴尬境地；植物系统学似乎幸运一些，虽然也明显在走向衰落，但好歹在很多大学还占有一席之地。[1]

① 此段引文由我的学生姜虹翻译。译文全文刊于"我们的科学文化"系列《好的归博物》（华东师范大学出版社，2011 年）。英文原文出处为：C. Hart Merriam, Biology in Our Colleges: A Plea for a Broader and More Liberal Biology, *Science*, 1893, 21（543）: 352-355.

四川海螺沟冰川旁边非常美丽的杜鹃花科植物锦绦花（*Cassiope selaginoides*）（据《中国植物志》英文版）。《中国植物志》中文版和《高等植物图鉴》（Vol.3，p.167）称"岩须"，其他名字还有：雪灵芝、长梗岩须、铁刷把等。矮小半灌木，高 5—25cm。这种植物的美是无可争议的，但也需要关注。多数游客视而不见，或许觉得它太矮小吧。

这段话发表于 1893 年，还没到 20 世纪。读了这段话，也就容易理解在 20 世纪博物学为何衰落了。衰落是事实，反思这种衰落则需要很长时间，甚至迟迟未能启动。

1.2.1 谁是博物学家？

"什么是物理学？物理学家所做的研究工作就是物理学。"面对物理学的飞速发展和扩张，人们已经很难简单定义什么是物理学了。于是采取了这样一种最宽泛的描述方式。

类似地，我们可以用博物学家所做的事情来大致描述什么是博物学。通过若干人物间接界定博物学是个好办法，可省去描述不精确的问题；了解到这些人物的所做所著，就容易领会什么是博物学。

亚里士多德、达尔文、孟德尔、摩尔根是博物学家[①]，其实在当前的文化下，人们早就忘记了这几个人曾是博物学家。

更典型的西方博物学家有老普林尼、布龙菲尔斯（Otto Brunfels，1488—1534）、格斯纳、阿尔德罗万迪（Ulisse Aldrovandi，1522—1605）、约翰·雷、林奈、布丰、华莱士、普里什文、法布尔、梭罗、缪尔、利奥波德、林德利、J.D. 胡克、古尔德、劳伦兹、J. 古道尔、E.O. 威尔逊等，他们所做的主要研究工作就是博物学。他们与数理科学家阿基米德、伽利略、牛顿、麦克斯韦、卢瑟福、爱因斯坦、克里克、奥本海默、杨振宁、格拉肖、盖尔曼、威腾等非常不同。《山海经》《救荒本草》《造物中展现的神的智慧》《物种起源》《昆虫记》《沙乡年鉴》《夏日走过山间》、"博物学沉思录"系列、《蚂蚁》等都是著名的博物学作品。

以农耕文明为主的中国古代社会，有着丰富的博物学实践和顺畅

---

① 说摩尔根是博物学家，可能被指责犯了常识性错误，难道他做的果蝇实验不正好是反博物的工作吗？其实这样理解并不准确。据摩尔根本人讲，在大学四年中，他最喜欢的课程是博物学，他对博物学教师克兰道尔（A.R.Crandall）的学问和人品高度赞赏。在肯塔基州立学院（肯塔基州立大学的前身）时，对他影响较大的彼德（Robert Peter）教授，也是一位博物学家。他日后能在还原论的层面取得出色的成果，与他早年在博物学层面打下的基础可能不无关系。

的博物学传承体系，也保留下来大量文献，无论是《十三经》《通志》《二十五史》《古今图书集成》这样的巨著，还是《幼学琼林》这样的蒙学读物，都包含大量的博物学内容；反过来，读者如果有丰富的博物学知识，也能更好地理解《诗经》①、唐诗宋词以及齐白石的艺术作品。李约瑟也称赞中国古代的"本草"著作构成一个伟大的传统（李约瑟，2006:187—189），按他的解释，"本草"不是"具根的植物"而是"基本的草药"的意思。中国古代博物学家撰写了大量关于特定植物或者某类植物的专著，"这种现象是西方世界所无法比拟的。这些文献有的论述了整个自然亚科，如竹类；有的论述两个明显相似的野生的属"（李约瑟，2006: 302），比如《竹谱》《桐谱》《扬州芍药谱》《南方草木状》《滇中茶花记》《菊谱》《荔枝谱》《梅谱》《金漳兰谱》等。中国古代自然也有大量优秀的博物学家，如司马迁、张仲景、贾思勰、郦道元、沈括、郑樵、唐慎微、寇宗奭、徐霞客、朱橚、李时珍、曹雪芹、吴其濬等，甚至包括李善兰②。中国古代大部分知识分子都有博物情怀。但近代的西学东渐打破了中国传统文化原有的进程。如今分科之学一统天下，现代中国人已经遗忘了自己的传统学术，绝大多数人从未听说过博物学。现代教育体系几乎剥夺了青少年从事一阶博物学（上山采野菜、下水捉泥鳅等）的权利。二阶博物学研究在学者中仍然存在，目前分散在多个分支学科当中，如科技史、农史、历史地理学、人类学、考古学、民族学、民俗研究、知识社会学、文

---

① 比如宋代的郑樵就讲，不识雎鸠安知河洲之趣？不识鹿安知食苹之趣？
② 人们习惯上把李善兰只当成数学家，其实他对植物学也有深入的了解。

化史研究、民族植物学等。

不过，并非只有上述大人物才掌握着博物学。在无数普通农民身上，也传承着非常多的博物学知识。[①] 在传统社会中，几乎人人都是博物学家。那时人们对土地、对"天"是有感情的，如果不是这样，人们也许无法生存；就像现在，如果不晓得一点现代科学知识和社会制度，在城市里生活是极为困难的一样。

即使不考虑一阶工作与二阶工作的区分，实践博物学也有层次之分，有专业博物学，也有平民博物学。前者永远是少数人的事情，后者则与普罗大众有关。有趣的是，与数理科学很不一样，对于博物学，这两者之间始终存在交流的通道，"界面"是可以自由穿行的。

1.2.2 博物学的自然性

博物学有着悠久的历史，而近现代科技只有三百多年的历史。博物学是自然而然的学术、知识、技术和技能，是在有限的好奇心、欲望观照下的产物。博物学产生于远古以来百姓日常生活的正常欲望、自然需要，而不是现代"高端"人群试图获得超额利润、竞争优势的过分需求。

近现代西方科技从一开始就讨论理想情况、非自然的人工环境，所谓的"自然定律"只不过是自然科学的定律，它们表述的是"反事实条件"关系。自然科学的定律及其导出结果，看起来如此简洁、完美，

---

① 有时，我们愿意把它们分解为若干生态学知识，简单的力学、热学知识或其他知识。按分科之学来列举，总是不够恰当。农民的知识是整体的、不分化的，通常是未编码的，难以言说的。

并不表明大自然本身如此，只是人造的那些"反事实条件"事先规定了情况如此这般。实际上我们始终生活在一个斑杂的世界（the dappled world）、博物学的世界当中。这个世界丰富多彩，是秩序与浑沌的混合物，而不是由简明美丽的几条"规律"控制的世界。所谓"简明规律"通常是想象、建构出来用以规驯自然和人类的。简明自然定律的想法，与机械论自然观的思路是一致的。现代社会中科技工作者操纵"律则机器"（nomological machine），展示修辞上的说服艺术并实现实践中的技术效应（卡特莱特，2006: 58—59）。科学哲学家纽拉特说，数理科学家描述的那个伟大系统，是一个巨大的科学谎言（卡特莱特，2006: 7）。在逻辑经验主义盛行的年代纽拉特能认识到这一点，相当不容易。

依据自然科学定律开发的现代技术，并不是大自然的技术，它根本上是僭越的、人为操控的技术；它所声称的一系列完美效用，只在特定的人工可控体系中才可实现。

20 世纪的科学哲学从石里克、费格尔、卡尔纳普到哈雷、哈丁、哈金、卡特莱特费了好大的周折，才回归到博物学的世界观、知识观。可以说，严格的科学哲学努力一番后终于承认了博物学对世界的看法是自然的、不说谎的。博物学有助于我们重新理解我们处在什么样的世界当中，博物学家也许也产生过把大自然缤纷的面貌、复杂的演化概括为几条简单定律的冲动，但博物的结果不得不使其诚实、谦虚、谦卑一些。现代的教育体制，让人类的后代重点学习的不是自然的知识，而是非自然的知识。教育变得不自然，科学技术变得不自然，社会生活也随之不自然。

1.2.3 博物学的本土性

环境保护运动、科学技术哲学早就从阐释人类学中借用了本土知识（indigenous knowledge）的概念（Brosius，1997），对本土知识概念的讨论有大量文献（张永宏，2009）。现在人们多从人类学角度谈本土知识或地方性知识（local knowledge），也可以从进化生物学的角度来谈作为局部适应的地方性知识。"地方性知识"这一表述的魅力在于，它并非要宣布知识因地理位置其有效性要大打折扣，而是说知识相对于产生该知识的环境而成立。

地方性知识强调如下几个方面：知识的表述可能是附魅的、非自然主义的；产生知识的环境通常是自然演化的人地环境，而非在短时间内特意制作出来的人工环境、实验室环境；知识在人地系统中适应着环境而缓慢演化，知识通常是环境友好的，不会引起环境灾难；由于此知识依赖于特定的环境，脱离其环境后此知识的影响力有限，它不会快速扩散到局部环境以外而成为侵略性的全球知识。

博物学知识和现代自然科学知识均有地方性、本土性，只是后者喜欢装扮、粉饰，并强行到处"克隆"。现代中小学和大学讲授的知识，基本上是普适的非本土知识，它们主要来源于西方，并且在精神气质上大致可以追溯到古希腊。从根本上讲，它们原来也是地方性知识，但已去本土化，变成了"普适知识"。当今的科学实验室，每天都在制造本来只适用于实验条件的地方性知识，而且其地方性非常强。但是，它们通过标准化，通过科学方法和科学体制的装扮，通过发表、技术标准甚至贸易规则、政治交易等，被建构成普适知识。普适性成了知识的一种"美德"。通过强化、正反馈，人们渐渐认定只有普适性的知识才是好知识或者才可以被称为知识。其他的，只配称作意见或者不靠谱的常识、偏见。

博物学知识通常表现为地方性知识、本土知识，不具有普适性，也不冒充普适性。它也没有知识产权的观念（有时也会保密），不喜欢像"输出革命"一样进行智力输出。这并非总是表现为某种缺陷。决定其地方性的原因在于，它是适合于局部地理、生态环境、文化的知识，是环境兼容的知识。借用进化生物学的词语，这种知识与环境是"适应"的。本地人掌握的本土知识是久经考验的，拥有了田松博士所说"历史依据"（田松，2007：93）。这种有"历时性"观察根基的知识有着重要的价值，至少可以补充西方科学由"共时性"观察而来的知识（Gadgil *et al.*，1993：151）。

我们承认博物学"肤浅"，但博物学、地方性知识也并非必然意味着十足的肤浅、无用，有时恰恰相反。爱斯基摩人虽然不了解、也不想了解转基因的秘密，但他们对雪有特别的研究，对于雪的颜色他们有一系列称谓，能分出许多类型。雪是他们生活的一部分，雪的变化影响到他们的生活质量。中国和法国在饮食、厨艺上都很讲究，有大量这方面的词汇，比较而言英国就差多了。

本土知识相比于现代科技知识处于弱势，即使在一些国家里有关部门有意识地强调了本土知识存在的合理性，在具体操作的过程中，本土知识仍然未能恰如其分地整合到决策过程当中，因为在制度层面一些受西方科学训练的人掌握着该考虑哪些"有用的"本土知识、该

白头翁（*Pulsatilla chinensis*）宿存花柱与瘦果，拍摄点坐标为（N 40°24.36′，E 116°15.66′），北京昌平，摄于 2011 年 6 月 9 日。

抛弃哪些"没用的"本土知识（Spak，2005）。

目前的教育体制有贬低和忽视地方性知识的倾向，其负面影响不容小觑，比如对家乡环境的破坏表现得十分麻木。不了解自己的家乡，要非常热爱自己的家乡是比较困难的。只有转变观念，提高认识，地方性知识、博物探究才能发展起来。《研究自己的乡土》中说："要成为本国真正的公民，就必须研究自己的国家。首先应当研究自己的乡土，研究乡土的自然、富源和历史。不仅要研究人们的劳动关系、本城或本乡的经济生活，并且除了人类居住地之外，还要研究本乡的田野和森林、平原和山岭的一切。"（奥勃罗契夫，1955：3）

1.2.4 博物学知识的意向性与价值非中立性

任何知识都是一定世界观、世界图景下的知识。人们创造、完善某种博物学是基于某种目的，所生产出的知识是主客体整合的产物，不能单纯还原为某种客观的知识。

博物学关注的对象和内容多种多样，如牡丹、红木、岩须、辣椒、咖啡、可可、兰、罂粟、香荚兰、凤、龙、浑沌、独角兽、蛊毒、五行、气、家燕、熊猫的拇指、贝壳、茗荷、藤壶和植物的手性，等等，显然它们未必都是朴素实在论意义上直接存在的。但相对于当时的社会环境和文化语境，它们是有意义的或者有指称的。也可以说单纯的客观"对象"是不存在的，当我们言说"宇宙"时，就是指我们的宇宙，我们已知的宇宙或者能够想象的宇宙。某事物成为认识的"对象"的那一刻，它就失去了对象性的属性，就变成了主客观统一的产物。

刚挖出的紫薯，放在雪地上。2009 年 11 月 1 日北京突降大雪，紫薯怕冻，作者急忙来到菜园，翻开积雪把几株紫薯挖出来。

关于罂粟的知识，在博物学的范畴中，是指你、我、他或某个小群体具体的与罂粟相互作用展现出的多种可能性，不存在脱离语境的客观的罂粟知识，因而也无所谓罂粟是天生的毒品之类的现代人想象。罂粟并不必然与毒品、恶相联系；在我的记忆中它是美丽的（罂粟花十分漂亮）、实用的（罂粟可治病，罂粟籽油可食用）。但如今，法律剥夺了我们种植、欣赏、使用罂粟的权利（在有些国家仍然允许个人极少量种植）。据《凤凰周刊》2010 年 28 期，甘肃农垦集团有限公司是中国药用罂粟的唯一种植、加工、调拨单位，那里罂粟籽油的年产量为 400 吨。另外，《联合早报》2011 年 5 月 13 日转载美国福克斯新闻频道报道称，朝鲜在咸镜南道耀德政治监狱附近大面积种植罂粟，每年收入 5 亿至 10 亿美元。事实上，正是现代科技的提纯技术以及一

法螺科大法螺（*Charonia variegata*），林奈 1758 年命名。

些人的生活方式，才使得罂粟变得罪恶。传统博物学知识的意象性范围从来都是受约束的，不可僭越的，人不能妄图拥有神的知识和智慧。这使得博物学的野心受到限制，从后果论看也是如此。即使资本主义上升时期掠夺性的博物学采集，其破坏性也是极有限的。

博物学也用于自卫、猎物和杀戮，但其意象性决定了此时它依然展现为某种自然而然的知识和技术。相对于别的科学，博物学虽然不够有力量，但它符合人类、大自然可持续发展的要求，或者不太违背这些要求，幸运地不会成为"致毁知识"（刘益东，2000，2002；刘钝，2000.03.01）。自古以来，知识生产与知识运用是同一系统的内部过程，而目前主流社会、科学共同体的"缺省配置"是，知识是客观而中立的，知识在运用过程中出现的任何问题都与知识本身无关，那是人的问题，是运用不当而造成的。"科学技术是帮助人类理解宇宙、改变物质世界的工具性智慧，本身不具有价值与责任属性。运用科学技术最终出现什么结局、造成什么后果，完全是人的责任。"（张开逊，2010：16）实际上，知识从其生产或意欲生产的那一瞬间就与目的性、意向性高度相关，就与最后的各种可能应用有瓜葛。目前，博物学的发展与资本增值的关联并不像在其他学科中那么明显，也许正好因为博物学的"无用"、低效率，才使得它是一门值得真正去追求、去玩味、去实践的学问。

1.2.5 博物学传统与博物学文化

即使在当下不看好博物学的人，也无法否定历史上博物学所扮演的重要角色。法伯（P.L.Farber）写过一部科学史小书《发现自然秩序》，副标题就叫"从林奈到威尔逊的博物学传统"。我的学生杨莎已将它译成中文。现在每一门响当当的学问，在发展的过程中几乎都有着博物的发展阶段，以医学为甚。1989 年美国马里兰专门举办过一次展览"医学与博物学传统"（Boyd，1989）。类似地，可以讲农业的博物学传统、地质学的博物学传统，甚至几何、概率论的博物学传统。

这里的"博物学传统"有多层含义：第一层是就其历时性、发生学而言的，指如今大量成熟的学科，都曾有过一个相当长时期的博物发展过程。第二层是就其共时性、知识特征而言的，比如医学实践仍然是一种艺术、手艺，其中相当多工作要靠经验而不是理论、演绎。医学、医疗不能简化为书本知识、标准化的诊治过程。第三层是就其思维方式而言的，指整体论而非还原论。在医疗中，现在世界上仍然存在不同的体系和建制，中医和西医都有各自的优势和局限性，不同传统是不可通约的，如陆广莘所说"用西医看似科学的方法来衡量中医，不具有现实意义。"（陆广莘，2009：60）中医有极强的博物学传统，重视调理生命节律和气血，辨证施治，不是头痛医头脚痛医脚。应当说传统的不同表现为生命观、方法取向上的差异，中医理论体系和医疗实践中更关注的是机体的自我维生，而不是努力发现致病因子以进行人为干预。我个人认为，目前不流行的中医自然观、生命观、医疗哲学远高于目前流行的西式对应物。不过，两者也不必完全对立，大的方面应以中医的说法为主，微观上可多听西医的。

博物学传统背后有着丰富、深厚的博物学文化，涉及神话、哲学、宗教、历史、经济、习俗、生活方式等等，旧的科学史研究以及人类学、社会学研究都不可能充分覆盖这些内容。博

亮叶杜鹃（*Rhododendron vernicosum*），云南普达措，2014 年摄。

物学文化在最近十多年得到科学史、文化史、哲学、人类学界的关注，其中《英国博物学家》（D.E.Allen，1994）、《博物学文化》（Jardine，*et al.*，1996）和《致知方式》（Pickstone，2001）等影响较大，国际科技史界也开始投入更多的精力关注"博物学与科学革命"（J.M.Levine，1983: 57-73）、牧师与博物学家（Patrick H. Armstrong，2000）、西方殖民地中的博物学家（Fa-ti Fan，2004）等主题。英国出版的"柯林斯新博物学家文库"（Collins New Naturalist Library，持续 60 余年，已经出版 100 多部）积累了一批好书，非常值得引入中国。英国《科学史》（*History of Science*）季刊 2004 年 3 月还出版了一期"博物学专号"（42卷第 135 期），刊发了 4 篇博物学史论文。从已经译成中文的《历史上的书籍与科学》，也可以感受到博物学史、科学史、文化史的深度融合及其有趣性。某种意义上甚至可以说，博物学史的研究在西方已经是显学。科学史研究的这种转变已展示出朦胧的脉络：主流数理硬科学→一般性科学→博物类科学；具有特殊性的科学认知→一般性认知→博物致知及地方性知识；科学史→文化史和生活史；绝对主义→相对主义；进步论→非进步论。这些转变是对实证主义科学史进路的反动，一定程度上将使过分注重知识积累与技术进步的科学史研究重新关注或者回归到普通的文化史、政治史、生活史。

就哲学而言，博物学文化展现了诸多不同于当下主流文化的世界观和价值观。比如在博物学文化中，人与自然不是对象性关系，大自然、生命具有灵性或神圣性，不可能仅以物质或比特的形式来充分把握。博物学文化尊重大自然的变化过程和巨大力量，不过分夸耀人类的征服能力，不会高喊"人定胜天"，也不会盲目崇拜强力与速度。从博物学眼光看，四川岷江河谷一带不适合百姓大量定居，历史上有无数血的教训。人们应当移居到更安全的地方。但是一次又一次灾难后，人们不幸地选择了对抗大自然。

"天地之大德曰生"，和谐共生、生生不息是博物学文化的终极旨趣。在日常生活层面，博物学文化倡导过普通的、安定平和的生活，用中国古人的话讲就是"永言配命，自求多福"（《诗经·大雅·文王》）。

1.3 博物学概念的拓展与重新阐释

在现代性的偏见下，西方的博物学知识长期以来也没有得到应有的重视和整理，在当今的生物学界，很少有人注意雷、怀特、布丰、拉马克、华莱士所做的博物学工作（本书第二章会讨论一些西方博物学家）。即使人们为了别的目的间接提到博物学，也是只取其"精华"；对于用时下流行的观念和知识理解起来感到困惑的博物内容，科学家和科学史家通常充满了不屑，要把它们从正统的知识史、科技史中剔除。

历史上博物学究竟如何？对此可以采用实在论的立场，也可以采取建构论的立场。不管怎样，古人不可能预言到并理解我们今天的知识，我们其实也较难理解过去的知识。较好的历史学家应当努力重构历史场景，[①] 尽可能以当时人的思维习惯考虑当时的知识。完全做到这

---

①应当是科学知识社会学（SSK）讲的建构，而非实在论意义上的还原真相。

一点是不可能的，也不必要，但不努力这样做却是不可以的。中国科学史界至少现在还没有充分理解 SSK 并主动采用其编史观念。科学史家倒是常讲有多少材料说多少话，但是科学史家常常哲学地看知识而非历史地看知识，而这往往是当事人意识不到的。这样一来，许多材料永远不会进入其视野，自然也说不出什么话了。

1.3.1 福柯之笑与博物学的学术空间

据后现代大师福柯（Michel Foucault，1926—1984）本人讲，他的《词与物》（英译本书名改为《事物的秩序》）是受到中国博物学中奇怪的动物分类方案的启发，才开始动笔写作的。福柯当年从别人的引文

思想家福柯

中看到传说中的一部中国百科全书《天朝仁学广览》把动物分出 14 类
（M. Foucault，2002: xvi；刘宗迪，2008.04.17）：(a) 属于皇帝的；(b)
涂香的；(c) 驯服的；(d) 小猪；(e) 娃娃鱼；(f) 传说的；(g) 流浪犬；(h)
包含在此分类体系中的；(i) 躁动不安好似发疯的；(j) 数量不可胜数的；
(k) 长有精致驼毛的；(l) 诸如此类；(m) 刚刚碰坏花瓶的；(n) 远观
如蝇的。这是任何现代人都觉得荒唐的分类体系。福柯读后发出笑声，
在《词与物》前言中他多次提到自己的此次笑声。不过，这是不同于
普通的情不自禁的笑，而是启示"知识考古学"之灵感的笑，对我们
而言它提供了重新审视现代化之前博物学知识并展望人类未来知识形
态的机缘。

福柯不是嘲笑古代中国人。恰恰相反，他想批判性地审视今日的
知识、常识，他由此立即意识到我们当下思想、知识的局限性！别的
时代、别的地方的人，也完全可能以同样的方式看待我们今天认为是
理所当然的知识，包括已被部分神化的科学、技术。

福柯之笑动摇了我们关于知识的看法，任何时代的思想、知识都
牢牢打上了本时代的印迹和局部地理学的印迹，刻写了定域时空标记。
今人之所以可能嘲笑古人的分类法，是因为时代变了，我们遗忘了那
个时候的社会秩序和具体的知识语境，又自以为是，高估了今天的知
识体系。在《词与物》中，福柯用许多篇幅论述了博物学，虽说它与
语言学、经济学并举只占三分之一，但也可以说，此书由博物学触发，
由博物学立论，为博物学文化开拓视野。我们可以把其中的博物学内
容上升为福柯意义上的"知识考古学"。有学者质疑福柯所读博尔赫

斯所引的中国百科全书的存在性，其实这并不重要①。随便翻看中国的
《山海经》《博物志》，就不会对上述分类、描述感到特别奇怪。类似的
情况在中国后来的所谓"科学"著作也容易找到，在西方老普林尼的
《博物志》、格斯纳的《动物志》中也能找到。

　　无论是胡塞尔的"生活世界"现象学、梅洛-庞蒂的知觉现象学、
波兰尼的个人知识（详见下文），还是福柯的知识考古学，都可以为博
物学开辟学术空间，令学者多一维视角，重构人类知识的发生史。在
恶性竞争和盲目高速发展给人类的可持续生存蒙上阴影之际，这些哲
学的、社会学的、后现代的努力，都是一种思想解放，能令人们发现
博物学生存现在和未来的意义，都有在想象中弱化现代科学所释放
之"蛊毒"的作用（黄世杰，2004）。

1.3.2 博物学、Natural History、自然科学

　　讨论博物学也面临许多概念困惑。需要指明的是，博物学与英文
的 natural history，只可以粗略地对应起来。要关注，但也不必过分在
乎名词。中国古代早就有"博物"一词，而"博物学"似乎是近代从
日本传来的对"natural history"的翻译。

　　不同学者对"natural history"之范围的理解有所不同。艾伦（David
Elliston Allen）所写的《英国博物学家》就包含地质学的内容，而贝特
斯（Marston Bates，1906—1974）所写的《博物学的本性》认为博物学

①　如果理解起来有困难，可以读读科幻小说家、思想家莱姆的《索拉里斯星》。

主要涉及作为有机体的动物和植物，因而只是生物学的一部分。我们约定如下：狭义的"natural history"主要涉及植物、动物方面的内容；而"博物类科学"涉及更大的范围，除动植物和生态系统外，还包括地质、气象、天文等方面的内容。

在中国古代文献中，"自然"两字一般不具有现代的"大自然"的含义，中国古代并不存在西方式的人与自然相互分离的、客观化的"对自然的研究"。吴国盛教授认为，在中国，自然作为一个存在者领域是后来被开辟出来的，"中国古人的'自然'始终保持着'自主、自持、自立'而未跌落，因而不可能借此开辟一个建立在差异之上的特定存在者领域。即使魏晋时期'自然'已有'自然物'之意，一个独立的、区别于制作物的自然物世界，对古代中国人而言，也是闻所未闻。中国古代没有孕育出［西方式的］自然科学，不是错失，而是不同的存在命运。"（吴国盛，2008）波士顿大学人类学系魏乐博（R. P. Weller）教授也持类似的观点，他认为明清之后中国的自然概念在全球化过程中曾三次被改造。

彭兆荣教授对我国传统的博物志（学）与西文中的 natural history 做了比较，认为当下的学界将二者互译不妥，有削足适履之嫌。"中国的博物、博物志、博物学原为正统经学的'异类补遗'；大抵属'乡土知识、民间智慧'之范畴；颇符合今当下'活态文化'之说。同时，它又是一种特别、特殊、特定的表述体裁。"（彭兆荣，2009）其实，这样互译大体上还是可行的。如果依彭教授的方式界定古代的博物学，似乎缩小了范围，容易低估其功能和作用。吴国盛和我都认为博物学与 natural history 互译既有传统依据，也是较恰当的。

自然科学、博物学与 natural history 这三者的关系如下图所示。三者包含许多共同的内容，特别是后两者。在此，为了突出其间的差异，图中夸大性地示意了其间的不重合部分。

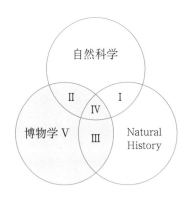

自然科学、博物学与 Natural History
三者关系的示意图

当今自然科学中有大量内容不属于博物学，比如数理科学，这很好理解。但博物学中有些内容无法称为科学，这一点常常被忽视。比如博物学中有些内容是非编码的知识，有些属于人文学术，有些在当今科学看来是很不科学甚至是反科学的、伪科学的。常见的误解在于把博物学仅仅理解为自然科学的真子集，那样的话，博物学的圈就只能画在自然科学的圈内了。需要清醒认识的两点是：第一，今天看来不科学的内容并不等于不好、不重要、不起作用；第二，博物学不能过分地想成为科学，也不要指望把博物学史整理成一种严格的科学技术史。李约瑟团队写出的《中国科学技术史》第 6 卷第 1 分册《植物学》内容丰富，但作者一方面力图展示中国博物学的巨大成就，另一方面又不得不尴尬地为自己的立场辩护。因为他基本上以西方为标准衡量一切（虽然他自己不愿意承认），他明确地认为：中国古代的物理学最终只达到达芬奇的水平而没有达到伽利略的水平，植物学等只达到马尼奥尔或图尔内福的水平而没有达到林奈的水平（李约瑟，2006：11）。中国古人可能根本就不需要林奈的性体系和命名法，李约瑟在个别字句中已经表达了类似的思想，但他终究是位朴素的"统一科学"拥护者、进步论者。

在条件不成熟时，用"障眼法"把丰富、杂多的博物学硬套在自然科学的笼子里，失大于得。"科学的人类学之所以战胜古典的人类学，至少在神话学领域中，并不是由于它较之后者更好地解决了问题，而是由于它较之后者更好地掩饰了问题，这与其说是一种科学精神，不如说是一种交织着话语暴力的'障眼法'：让学科的从业者只看到他该看的，把对学科构成威胁的未知之域屏蔽于视野之外。或者，障眼法原本就是现代科学精神的秘义：正是凭借控制实验之类的策略，科学才把那些无法控制的东西排除在人类经验之外，科学的所谓经验实际上是被实验这种'新工具'（培根）控制了的经验，现代世界因此就是一个科学之光普照的世界：科学之光引导着人们的目光，照到哪里哪里亮，映入眼帘的就只能是科学的光明面，阴影永远落在看不见的角落。科学与魔术，总是难分难解。"（刘宗迪，2001：37—38）这段话是针对人类学的科学主义倾向而言的，实际上用于讨论整个博物类学问也是适当的。现在，阳光下有博物学，阴影下也有博物学，我们不能过分在乎阳光与阴影的人为划界。北京大学医学部王一方教授在讨论"医学是否是科学"时把这件事讲得更形象："这年头，许多学科都甘当'科学'的孙子，若是有人说一门学科不是科学，这还了得？它的'潜台词'就是它'不及'科学，甚至'不能'科学，需要入'另册'，细分下来有几个意义：第一，它是'前'科学，是前科学时代的知识与方法，有那么一点科学的味道，但浓度很低。第二，它是非主流的科学、非正统的科学，隐含着'反科学'与'伪科学'的意思。"（王一方，2009：38）在许多人看来，博物学即使算作科学，也是"浓度"不高的科学。以现代意义上的西方科学为标准衡量博物学，博物学不可能享受应有的地位，中国的这样，外国的也如此。因此，重要的是必须更换视点、视角，在新的场域中展现博物学世界。

目前在英语世界，打着 natural history 旗号的东西非常多，未必与自然科学都有直接关系，如"独角兽的 natural history"；从约翰·雷到达尔文，自然神学曾经是西方博物学的重要组成部分，但现在根本不能说它是自然科学的一部分。中文"博物学"中有些内容不在英文 natural history 的范围之中；反之亦然。"博物学"分别起源于世界各地居民对大自然的分类、描述、利用，对生态和动物行为的探究，包括的范围和内容怎么可能完全一样呢！以上三个词含义的差异反映了不同文化间词语对译时的困难。

翻译英文文献时，对 natural history，可根据具体情况分别译作博物学、博物志、自然史。这是我的观点，也是比较可行的一种办法。

图中Ⅲ区的面积要远大于Ⅱ区或Ⅰ区的面积，后两者面积近似。如果考虑"时态"，三者间的关系可能更复杂。随着时间的推移，将来三者的拓扑关系是否会有根本变化呢？没有迹象表明这一点。也许未来的自然科学要把伦理关怀转变为自身的一个内在维度，但也不大可能使博物学成为其真子集；另一方面，未来的自然科学可能变得更高级、更加数学化、更加数字化，但也不大可能把博物的成分排斥得一干二净。图中的Ⅱ、Ⅲ、Ⅳ区域通常是专业博物学家活动的范围，但并不限于此，他们可以越过"边界"而进入平民博物学的领地；而平民博物学者活动的范围Ⅴ是博物学圆减去Ⅱ、Ⅲ、Ⅳ区域后的区域，他们偶尔也可以越过"边界"，"上升"为专业博物学家，实际上没必要特别鼓励这么做。

1.3.3 演化中的博物学与新博物学

比较《尔雅》、张华的《博物志》、吴其濬的《植物名实图考》与老普林尼的《博物志》、格斯纳的《动物志》、布丰的《博物学》等，会看到它们所涉知识的形式有许多相似之处。但不同地区的不同民族或国家在不同时间有着相似但不同的博物学，原则上不存在固定不变的叫做"博物学"或者 natural history 的文本或实体。此外，无论在中国还是在外国，成文的博物学知识，只是内容广泛的博物学的一小部分；相当多是口头流传的、涉身的（embodied，也译作"具身的"），以非编码的形态存在。

在 19 世纪，西方的 natural history 翻译成中文的博物学时，natural history 这个词的语义范围和含义已经不同于西方古代和中世纪时的理解，已经具有近现代科学的模样、规范，因而有人觉得西方的 natural history 比较高级、严格、客观，而中国自己的博物学还处于低级阶段，比如与迷信、占卜等还未能很好地区分。这种比较是有问题的，是将不同时代的东西相互比较。

我们倡导、设想的"新博物学"与历史上的、现存的博物学也不重合，有些内容要摒弃或回避，如与帝国扩张相伴的野外考察、掠夺性和破坏性的标本采集、投机性与过度炫耀性的自然物品收藏等；有些内容需要加入和强调，如环境保护、生态伦理、自然美学。新博物学也分为两部分：职业的与业余的。前者主要由科学家来做，后者主要由普通百姓来实践，两者的标准、要求和目标是不同的。这两部分都很重要，前者的良好发展有可能改变未来科学的形象和功能；后者的顺利发展有可能提高公民的生活质量，改善人与自然的关系。当现代科学越来越远离公众，博物学的业余部分（平民博物学）就显得格外有新意，因为似乎唯有它才可能是界面友好的、低门槛的——通过博物学实践，公民有可能进一步欣赏科学中的其他部分。

博物学也要更新。延续原来的传统，新博物精神或者博物学观念至少包括如下方面："(1) 非还原的或者有限还原的认识进路。(2) 强调主体的情感渗透。博物学实践要求体悟自然之整体性和玄妙。感悟也是一种认识，而且认识也并非目的。在这种意义上它不同于一般的科学。(3) 平面网络、整体式地把握对象，把自然看成一种密切联系的机体，我们人类只是其中的一部分。(4) 它导致一种生活方式，一种人与自然和谐生存的艺术。因而它是一种实践的学问，不能仅仅停留在口头上和纸面上，必须亲自尝试。(5) 它提供常识与艰深现代科学之间的一种友好的'界面'或者适宜的'缓冲区',它'门槛'很低,甚至没有门槛,人人都可以尝试。"(刘华杰,2003.08.13)

新博物学的现实意义在于:"博物学在现在基本上是被遗忘的科学、研究方式和生活方式。而当前人类面临的问题(环境、资源)又都与博物思想的缺乏有关。中国当前的中小学、大学教育,没有提供足够的博物学理论和实践。许多研究生五谷不分。博物学教育将为单一的、'高考'指挥下的初等教育增加多样性,将为中华民族培育一代通识学人做出贡献。"(刘华杰,2003.08.13)也有人认为博物学教育有助于培养创新性人才(马衍营,2010)。

1.3.4 中国古代学问的博物学特征

中国古代学问最大的特点就是博物,这是我的看法,可能偏激了些,但也有一定道理。

中国学者重视多元并置而不求深层还原,表现在主体与客体、人与自然、人文与科技"分形混成",难以清晰划界。这类学问既有优点也有缺点,近一百多年里我们可能过多地看到了其劣势。今天我们检视中国古代的学问,博物学所涉及的范围有三个层面,以《古今图书集成》为例:

(1)最狭义的理解是"博物汇编"中的内容,有时还要去掉其中的"神异"和"艺术"部分。

(2)中间层面的理解不但包括"博物汇编"中的内容,还包括"方舆汇编"中的坤舆、职方、山川、边裔,"历象汇编"中的干象、岁功、历法、庶征，"经济汇编"中的食货、考工等。中国古代的占经、天官书、天文志或天文学，基本上属于博物范畴，与西方的数理天文学不同。在古代，博物学意义上的天文学传播得非常好，从十二次、十二辰、二十四节气、三垣二十八宿以及"分野""星分翼轸，地接衡庐""天罡""斗转星移""观乎天文，以察时变"等用语可知，它们属于知识分子的常识。著名的五行说也与天文有关（刘宗迪，2004）。

（3）最广义的理解包括中国古代涉及人与自然交往的几乎一切学问，它们与现代的分科之学根本不同。比如古代的诗词、小说中也包含博物学。郭耕写过一本有趣的小册子《读古诗看生命》，谈的主要是动物（郭耕，2011）。

通常我们讲的博物学只取中间层面，也许还要暂时去掉一些内容，准确地说，是介于上述狭义理解和中间层面理解之间。

在科技史、人类学、社会学、文化史等领域打出博物学的旗帜、招牌，一方面是想为"边缘"争取合法性、生存空间，另一方面也是研究对象的特点所要求的。近现代自然科学的教科书和传承体系是最不讲究历史的，甚至可以说是蔑视历史的。且不说过去的博物学知识，即使拉瓦锡之前的化学研究，甚至牛顿以前的力学研究等，在现代科学体系中都可以忽略不计。传统文化中的各种知识虽然历史悠久、维系了数千年的人类生存，但其知识体系与现代意义上的分科之学相比，可表征性很差，缺乏理性、逻辑，显得凌乱、不成体系、不够客观、不够精确，特别是不够有力量。不过，从生物演化的大尺度考虑，价值更重要的也许恰好不是只有三百多年历史的近现代科技，而是传统博物类知识。力量型的知识并不能拯救人类，或许反而因其过分发达而使人类遗忘其与大自然打交道应具有的博物类知识，并因其"致毁知识"的不断制造而将人类引向歧途。如今我们提出恢复博物学，不是要找回原来模样的某种实体，而是找回那个文化传统和生存哲学，依据博物精神、博物情怀，考虑到现在的形势，在知和行方面发展出新时代的博物学。在这样做之前，需要做许多理论准备工作，比如重写历史，分析博物学的认知特点，讲清它与人类可持续生存之间的关系。

1.3.5 博物学知识五例

科学中有博物学，博物学中也有科学，但两者的范围并不重合，交集大小是可变的。博物学中有些东西不是科学，甚至还有迷信、伪科学的嫌疑。不能用今天成熟阶段的科学标准来要求博物学。诺贝尔奖得主费曼曾说："我们必须从一开始就讲清楚，一件事情不是科学，这并不一定是坏事。例如，爱就不是科学。因此，如果说什么事不是科学，这并不意味着这件事有什么错；这仅仅意味着它不是科学。"（费曼，2006：46）

常人习惯于以当下眼光审视历史上的事情。现在的科学著作尽管也包含错误（这也是事后才认识到的），但基本上是干干净净可称得上与科学有关的事情。倘若以这种标准判断看待科学史，则几乎没有什么著作可以算得上科学作品了，博物学的情况要比数理科学更糟糕。而实际上，现在我们所崇拜的"完善科学"恰好是从一大堆"不完善"

的作品一步一步演化出来的。科学主义的科学观有神学目的论的倾向，强调当下科学的最优地位，"历史"在其眼中基本没有价值。如果有的话，也只是承认历史上的材料经过整理后均表明不断向今日的科学真理步步逼近。如果任由这种缺省配置主宰头脑、任由它在科学编史领域横行，我们就否定了作为文化的历史学的美丽，无法理解和欣赏前人的智慧。更为严重的是，我们根本不必花力气了解科学史，只背诵当下的科学教科书就行了。

博物学是历史上长时间琐碎知识的积累，凝结着古人的日常生活智慧。作为某一历史阶段上的、带有地方性特色知识的博物学，其中也许有一部分经过重新解释可以转化为现代科学，但没必要刻意剥离，而去掉其鲜明的时代特点、地方性特点。在直到最近三百年前人类的大部分历史当中，先民、古人并不是靠今天意义上的严格科学和技术来生活的，他们靠的主要是博物学。下面五个案例，有助于解释博物学的特点，澄清它与严格自然科学的关系。

云南高黎贡山国家级自然保护区保山管理局艾怀森先生描述过傈僳族打猎的一个习俗① ：每年立秋后猎户选择吉日祭祀山神，在请求"开山"后，才能有规则地狩猎。第一天布置捕猎扣，第二天一早去检查，如果没捕到，就表明山神尚未允许开山，需要再等半个月。第二次如法操作，若仍未捕到，说明山神不高兴，今年不宜再狩猎，大家要赶快做别的事情了。如果第二天捕到了猎物，要做上标记放回到大

---

① 《华夏地理》，2008 年 11 期，90—93 页。

自然中，继续捕猎，直到再次捕到做过标记的那只猎物。此时，就相当于山神示意大家该"封山"了。这一套叙述可以翻译成现代的猎物管理、生态学科学，比如此地相当于一个大"样方"。春季不捕猎自然有许多科学道理可讲，比如动物冬天消耗较大；连续没有捕到猎物，说明此样方中此物种的种群密度小，当年不宜捕猎；放归的第一只已做标记的猎物再次被捕，相当于已经收捕到此地区此动物总量的一半，此时不能再过度捕杀了。原住民通过传统的博物学知识，知道并严格实行"开发利用野生动物资源但不得超过环境容量的一半"的生态学原理。经这样一番解释，迷信、传统似乎变成科学了，而实际上并非总需要这样做。大量看似迷信的传统信条、告诫、禁忌的深远含义，人们可能一时还搞不清楚。盲目破除迷信、打破禁忌，可能造成少数民族地区生态环境出现灾难性的后果。

与博物学有关的第二个例子令人心痛。在 2008 年 5 月 12 日四川大地震之前，5 月 10 日《华西都市报》曾报道："日前，绵竹市西南镇檀木村出现了大规模的蟾蜍迁徙：数十万只大小蟾蜍浩浩荡荡地在一制药厂附近的公路上行走，很多被过往车辆压死，被行人踩死。大量出现的蟾蜍，使一些村民认为会有不好的兆头出现。当地林业部门对此解释说，这是蟾蜍正常的迁徙，并对大量蟾蜍的产生做了科学的解释。"[1] 普通百姓感到奇怪，并怀疑这可能是不祥之兆，"这种现象是不是啥子天灾的预兆哟？"村民表示了担忧。消息不胫而走，引起人

---

[1]《华西都市报》，2008 年 5 月 10 日。

们的不安和忧虑。但自以为聪明的专家却认为没事。专家很快赶到了事发当地，考察了一番后，以科学的名义认定、接着媒体以科学的名义报道出来："这种情况是正常现象，与老百姓所说的天灾毫无关系；蟾蜍也不会影响到人们的生活，它们的到来还会为当地减少蚊虫，村民不用为此担忧。"需要提醒注意的是，"征兆"是大自然现象的显现，与事后发生的事件之间存在复杂的对应关系、因果关系，并非简单的一一对应。多一些博物关怀和积累，少一些以科学名义的断言，当地百姓在 5 月 10 日时多一些警惕，两天之后的大地震是否会少一些伤亡呢？通常我们总说"科学"救了多少人，而在此案例中"科学"却使人们麻痹大意。要注意，我这里所说的"科学"是实际呈现的科学，而非理论上、理想中的科学。

在讲述了这个不幸的案例后，我愿意提及 2008 年四川汶川地震救援中的一个故事，算是第三个案例。女大学生网上发帖，准确提供空降地点。当时救援飞机无法降落，军方很着急，2008 年 5 月 14 日 20 时和 21 时，张琪和左婷两次以"恋晨风景"的网名发帖《直升机从这里降落可最快降落到达汶川县城！》《重要情报，直升机可从这里降落！离县城仅 7 公里，且有两条公路可通！》，为军方提供空降地点。记者迅速将情况反馈给救灾军方指挥层，空军作战处对该处方位进行勘察后，确认该地符合空降条件。

就读于四川省烹饪高等专科学校的 21 岁羌族女孩张琪，家住汶川县威州镇七盘沟，与同乡左婷从小在七盘沟山脚下长大，两人从小学到初中、高中、大学都是同学。张琪和左婷在电话里沟通好后，分别在成都和九寨沟的网吧发出了这个有价值的帖子。她们的帖子这样写道："有个地方特别适合空降！请救援人员速到那里。就在距离汶川县城往成都方向仅7公里的七盘沟村山顶。俗称大平头，是一块平坦开阔的山顶平地。最主要的是，那里地势平坦视野开阔，下山后离县城仅7公里，而且有新旧两条公路直通汶川县城。那里原本是打算修建大禹祭坛的地方。很适合直升机降落。这是一条非常重要的消息，请广大网友顶起来，千万不能沉。如果可以，请帮我把这条消息报上去，我用尽所有办法也只能发到这里了。"

这两位女孩并非某某专家，特别地，她们不是地质、地理、遥感、军事信息专家，但她们提供的信息极为准确、重要、有效。她们只不过从小太熟悉自己的家乡，博物学知识多一点而已。现在还有多少人能像她们一样，掌握着自己家乡的知识？①

第四个例子来自国外。《公众理解科学》《在理解与信赖之间》和《国家的视角》都涉及到我们在什么立场上以什么视角看待知识、科技。前两者我知道得较早，后者虽然在国内也面世多年，但因为不在一个领域，2011年出第二版时我才偶然看到。《国家的视角》英文原题是 *Seeing like a State*，直译就是"像国家一样看"。斯科特（James C. Scott）在此书中讨论了地方性知识"米提斯"（Metis）。已有的米提斯，我们有充分的理由要保护它们；另外特别值得指出的是，米提斯并非

---

① 2011年3月11日，日本海啸造成重大损失，但是有一个叫姊吉的小村落听祖训逃过了海啸浩劫。村庄中有一石碑，上面刻有警示语句："牢记大海啸带来的大灾难。绝对不要将房子盖在低于这座石碑的地方。不管多少年过去，永远提高警觉。"1895年和1933年大海啸曾袭击了这个村庄，其后，村民牢记了这个教训。

已经完全固定或者已经死掉。实际上，在远离都市、现代化的地方，米提斯知识仍然在不断地生产着，正如现代科学知识每天都在实验室里生产一样，只是速度缓慢得多。

斯科特提到，在马来西亚一个小村庄的村民如何创造并运用生态学知识。这个村子栽种芒果，芒果树被红蚂蚁侵扰，果实在成熟前就被这种蚂蚁破坏了。斯科特见到老家长伊萨把一些尼帕果树叶带到芒果树下。原来，尼帕果树叶脱落后会自己卷成长筒，里面是黑蚂蚁产卵的理想地方。搬来的树叶放置几个星期后，黑蚂蚁在上面产卵并孵化，据说再过一阵就可以目击两种蚂蚁大战了。周围的人将信将疑，都在关注事态的变化。黑蚂蚁身材较小，不及红蚂蚁的一半，但数量上占优势。黑蚂蚁对芒果树叶和果实不感兴趣，它们迅速占领树根附近，最终把树上的红蚂蚁控制住了（斯科特，2011: 429）。"这一成功的生物控制实验需要掌握几种知识作为先决条件：黑蚂蚁的栖息地和食物，它们产卵的习性，要猜想什么物质可以替代作为移动的产卵房，并且还要有黑蚂蚁和红蚂蚁喜爱彼此打仗的经验。"（斯科特，2011: 429）

斯科特还提到，19 世纪时法国农村有一种传统聚会（veillées）：当地人在农闲时聚集在一起，一边脱粒或刺绣，一边交换各种意见、故事、农事、建议、闲话、宗教或民间故事。我小时候，东北农村似乎也保持着这种聚会，即使片刻休息（比如锄地中间小憩），交谈也十分热闹。此类聚会"成为未经预报的日常实践知识交流会"。这大概相当于科技园的创新咖啡吧，不同思想在此汇聚、碰撞。不过，前现代社区里，这种聚会对于知识的创新和传播并不倾注太多的热情，聚会就是聚会，是生活的一部分。

斯科特在一个脚注中说："新形式的米提斯也在不断地创造出来。……不管在现代社会或落后社会，米提斯都是普遍存在的。"（斯科特，2011：431）有两点可点评的：第一，斯科特讲的米提斯含义较广，实际上包含了各种非编码的知识、技能。第二，米提斯也在创生，虽然在现代化进程中一些宝贵的部分在快速地消失。

如果米提斯包括了波兰尼讲的默会知识、传统知识（详见下文），那么我们今天该做的就不是一件事，而是两件事。第一，保护、传承已有的米提斯；第二，通过广泛的民众切身实践，发展出新的米提斯。两者是关联的，亲自实践才能让米提斯处于"活"的状态。在此，公众博物学，可作为一个候选者。

第五个例子与布拉哲（Vincent E. Brothers）谋杀案有关。加州大学戴维斯分校昆虫学家金赛（Lynn S. Kimsey）向法庭提供了关键性的博物学证据，最终令嫌疑人被判有罪。细节就不在这里讲了，2013 年 9 月 20 日中央电视台 12 频道播出过此案的专题片，相关的纸质、网络文献也容易找到。实际上中国宋代宋慈（1186—1249）的《洗冤集录》就描述了法医昆虫学（forensic entomology）案例。我还是从马伯良（Brian E. McKnight）的英译本 *The Washing Away of Wrongs* 得知中国历史上这部重要著作的。

回顾博物学的历史，传播和实践博物学与公众理解科学、科学传播有关，但用意是不同的。艾伦在给一部博物学经典著作《塞耳彭博物志》（详见本书第二章）写导言时说："在我们的时代，'推进科学'的愿望，就整体上说，已成一尊愚蠢的偶像了。几乎所有的科学教育，都以它为依归；它努力造就的，不是完整而博通的男人和女人，而是发明家，发现者，新化合物的制造者，和绿蚜虫的调查员。就其本身来说，这些都很好；但恕我直言，这并不是科学教育的唯一目标，甚至不是主要的目标。这世界不需要那么多'科学的推进手'，却需要大量的受过良好教育的公民，当身边遇到类似的事时，能断其轻重，并轻者轻之，重者重之。"①

我们可同时给出两个看似矛盾的判断：（1）博物学是科学；（2）博物学不是科学。前者强调科学中博物学传统的重要性，博物学考察也是一种重要的探索自然的方式，过去是，将来也是。后者强调博物学与当今主流科学的不同，不能依照主流科学界的标准来要求、来限制博物学。博物学中有相当多的内容的确不属于"正规的"科学。如果认定博物学是科学的真子集，对于现实和历史无疑都是作茧自缚。

换个角度看，为了科学的好，也为了博物学的好，我们实际上没必要特别强调博物学是科学的一部分。不过，这只是我个人推销博物学的一种策略，别人可以不认同。

要展示博物学的贡献、趣味性，必须更新观念，重写科技史、文明史。而更新观念，首要的是转换编史观念，于是就引出了"博物学编史纲领"的问题。下一节将大致讨论此纲领的用意和原则，江晓原、

---

① 转引自怀特：《塞耳彭自然史》导言，缪哲译，花城出版社，2002 年，第 22 页。

刘兵主编的"我们的科学文化"系列中有一个专辑《好的归博物》（华东师范大学出版社，2011年）专门评论了"博物学编史纲领"。

1.4 博物学编史纲领

在国内，对于博物学或新博物学的含义（刘华杰，2003.08.03；2007），博物学在现代社会中的合法性（吴国盛，2004.08.30，2009.08.25；刘华杰，2010a，2010d），博物学与自然科学、与地方性知识的关系（刘华杰，2007；2009），博物学与民间组织（刘华杰，2011b:32—39）等已经有部分讨论，讨论中也涉及到现象学进路与博物学的诸多相似之处，以及恢复或者复兴博物学的可能性。环境伦理学研究已经触及博物学传统，苏贤贵在论文中指出，对现代环境运动有着多方面影响的梭罗，是一位细心的自然观察者，"发现并表述了自然界各个部分协调统一的生态学思想，因而被人称为'生态学之前的生态学家'。其次，梭罗有着深邃的自然思想，他从爱默生的超验主义立场出发，强调自然有不依赖于人的独立价值，强调自然的审美和精神意义，……表达了在文明和荒野之间应保持平衡的思想"（苏贤贵，2002）。熊姣研究了约翰·雷的博物学，周奇伟研究了缪尔的博物学与其环境思想之间的深刻关联，李猛则讨论了博物学在英国皇家学会中地位的演变。

属于博物学范畴或有意识从博物学的视角研究中国古人的学问和学术著作，现在已有一些成果，比如火历研究（庞朴，1989）、中国星占（江晓原，1995）、蔗糖史（季羡林，1998）、五行说考源（刘宗迪，2004）、蛊毒研究（黄世杰，2004）、山海经研究（刘宗迪，2006／2010）、纳西科技人类学（田松，2008）、古代昆仑山和建木考（黄世杰，2010）、《桂海虞衡志》研究（万英敏，2005.04）、《物类相感志》研究（赵美杰，2008.05）、西学东渐背景下的中国传统博物学（秦艳燕，2009.06）、《尔雅》博物思想解读（徐昂，2010.05）等。这是一个富矿区，可长期开采。

在新的编史纲领下，原来许多不合法或不大合法的设想、做法都可以理所当然地展开；另外，原来看似十分堂皇、重要得没法再重要的趋向、成就，也许变得微不足道，甚至是有害的。此纲领也许最终并没有逃脱辉格史观，但是一种辉格史观下的唯一标准做法独霸天下是不祥之兆，而多种辉格史观下的多样性进路齐头并进，却有可能展示立体的实在和丰富的历史进程。当然，博物学编史纲领不会愚蠢地声称自己是最好的方案，它只需要争取自己的生存权即可，最终要看沿着这样的观念前进能够揭示出多么丰富的内容。博物学纲领所要做的是，向科学知识社会学（SSK）中爱丁堡学派的强纲领学习。SSK的强纲领在案例研究上极大地丰富了科学社会学的内容，任凭反对者在认识论上如何质疑。

现在学术发展已到了适合提出博物学编史纲领的时机，此纲领的适用范围将不限于狭义的博物类科学，应当覆盖所有科学门类。博物学编史纲领具体讲有如下三条：

第一，作为基本生存需要以集体信念形式存在的知识，与当时当地的生活习惯、社会秩序保持一致。科学史或者知识史是人类社会文化史的一部分，编写出来的科学史将尽可能提防辉格史观。包括经验知识和实用技能的博物学，其合理性和价值主要体现在它在满足人类或部分人类对大自然的可持续适应性需求，它们与现代科技体系的关联、距离是次要的。编史方案不应过分受今日教科书的影响，也不应当过多考虑数理科学在近几百年中所取得的成就。各种各样的二分法（人与动物，主观与客观，快与慢，显与隐，上与下，骄傲与谦卑，新与旧，现代与传统，激进与保守），以及只认可其中一面的价值，均可能妨碍我们的视线。

第二，科学通史的写作，要突出博物理念、博物情怀，清晰地叙述编史过程的价值关怀，比如要充分考虑人类的可持续发展、人与自然的持久共生，同情非人类中心论等。这一条相当于陈述了某种生态原则，已成为显学的生态学就源于博物学，并且如今有遗忘其根基的危险。编史工作不可避免地包含价值导向，各类知识的重要程度需要依据人地系统可持续发展的标准进行判定，在此可以名正言顺地驳斥虚假的客观主义教条。这一条与我们对"致毁知识"的担忧有密切关系，如果致毁知识的生产、应用无法减缓，人类和环境的危险就与日俱增。目前，在绝大多数知识分子看来，知识是中性的或者无条件具有正面作用，社会系统千方百计地奖励各种知识的生产。这种局面并不是好兆头。对知识的批判与对权力的批判一样，都是社会正常发展所需要的。目前，对权力的警惕与批判已经引起广泛注意，但对知识的警惕与批判才刚刚开始。

第三，历史上博物学知识的传承多种多样，如口头传播、个体知识、宗教习俗等等，其中大部分是今人不熟悉、不习惯的，今天我们应当尽可能地关注、收集它们。不能简单地说博物学是科学的真子集或者科学之不成熟阶段等。如福柯所指出的，话语实践与科学的产生并不吻合，"知识不只是被界限在论证中，它还可以被界限在故事、思考、叙述、行政制度和政治决策中。博物史的考古学领域包括《哲学的复生》或者《特雷阿米德》，尽管它们绝大部分不符合那个时代公认的科学标准，而且显然与以后提出的科学标准相差更远。"（福柯，2003：204）再比如，五行说是中国古代重要的知识体系，不能以今天的标准将其斥为迷信或伪科学。编史工作不能完全依赖于书面文本，田野调查将是编史工作的重要组成部分，人类学和社会学方法将显得十分重要。二阶工作必须与一阶工作密切结合，很难设想，一位并不热爱大自然的人能够成为优秀的博物学史研究者。编史研究与经验自然科学的研究性质相似，在这种意义上博物学编史纲领是反科学主义的却又是科学的。

此纲领包含着对唯科学主义和工业文明的反省、对"西方中心论"甚至"人类中心论"的反省，包含对未来"美好社会"的思考。与此编史纲领相关的，还有如下思考：

（1）人类的博物学知识与其他动物的知识（如果有的话）之间没有本质的界限。布丰（中文也写作"布封"）就曾指出："动物的本能让人觉着也许比人的理性更要可靠，而它们的本领甚至比人的本领更加了不起"（布封，2010：7）。后面还会专门讨论到这一问题。当然，不希望这一点被解释或者歪曲为鼓吹蒙昧主义或者贬低人类的伟大。"人类中心论"的唯一合理之处仅在于人类作为一个普通物种已经进化出一种能力，据此能力，人类认识到（不是必然认识到并承认）地球上的生命有着共同的起源，人类是自然的一部分，依托大自然而存在，人类终究无法征服自然。值得指出的是，人绝对不像早先西方学者所认为的那样，是唯一能够制造工具的物种。20 世纪 60 年代利基对古道尔发现黑猩猩会制造并使用工具的发现震惊不已。他写信给古道尔："如今，我们必须做出选择：要么重新定义'工具'，要么重新定义'人类'，要么把黑猩猩列入人类范围。"（夸曼，2010：154）其实东方人从来没有把人看得多么特别，不必等到 20 世纪才考虑做出非此即彼的选择。西方文明，特别是笛卡儿之后的西方人无疑夸大了人类的特殊性。这一点也可以由 1859 年《物种起源》的面世在西方引起的震动得到旁证，后来中国人感受到进化论的力量完全不是在人类由来这个问题上。

（2）人类文明的进程是辩证的，人类个体的某一类知识多起来，另一类知识可能系统地变少。走出森林、乡村，进入城市，人类的生活习性发生了变化，个体之人对大自然的了解并不随知识的爆炸而成比例地增加；相反，平均起来看人类个体与自然变得隔膜。苏联民族学家、地理学家阿尔谢尼耶夫描写的赫哲族"野蛮人"德尔苏·乌扎拉对大自然有超常的感知能力（阿尔谢尼耶夫，2005）。他相比于我们密切接触大自然，能够根据各种征兆预测天象，对于野生动物踪迹相当在行，否则他根本没法生存。作为"森林之子"的乌扎拉，其书本

日本著名导演黑泽明执导的电影《德尔苏·乌扎拉》中的赫哲族猎人德尔苏·乌扎拉

知识可能接近于零，但博物学知识和野外生存能力绝对是一流的。他比"文明人"更自然地把人与其他动物放在一个平台上思考，比如，他认为万物有灵，把其他动物也理解为人，他有着天然的"非人类中心论"思想。现在，对于自然事物，人类变得更相信专家、官僚，而不是相信传统和个人实践。人类个体对自然灾害的感知、规避能力，愈来愈下降。正规教育中提倡一阶博物学，减少其他学科的内容，则有可能改变目前的发展趋势。

（3）如今盛行的高科技和现代文明，从生物进化的角度看，可能并不乐观，可能会危害整个生态系统。笼统地"反科学"是不聪明也是不可操作的；但反对自诩科学中的某些部分是可行的，而且是必要的，是理性精神或科学精神的内在要求。

（4）对于人类个体，光阴似箭，人生有涯，并非掌握的知识越多越好。给个人填塞过多的知识并不能使个人变得更适应。过长的学制相当程度上只不过是增加社会竞争优势的一种手段，这与恶性军备竞赛没有本质区别，此过程目前已经剥夺了年轻人本可以用于玩耍、嬉戏的美好时光，进而降低了个体存世的生活质量。在人类积累的海量知识面前，博物类知识应当优先传播，"上知天文，下知地理"的高要求可能已无法实现，但了解风吹草动（风起于青萍之末），感受"杨柳依依，雨雪霏霏"，多识于鸟兽草木之名，主动规避大自然的风险（如从容面对洪水、干旱、地震、海啸）等等，则有许多事情要做，有许多教训可以汲取。

博物学教育有助于把孩子培养成为正常人、适应大自然的人。良好教育的一个重要方面体现在为个人寻找到适合自己兴趣的发展空间，而不是鼓励大家挤在少数狭窄的道路上恶性竞争。博物学将为满足年轻人的兴趣爱好、实现多样化的个人理想提供广阔的选项。作为数理科学家代表之一的霍金，2010 年 8 月扬言，在未来的几百年中，更不用说一千年、一百万年，人类也许就得放弃地球。"大思想"网站的新闻标题竟是："霍金警告：放弃地球，否则就灭绝"（Stephen Hawking's Warning: Abandon Earth，Or Face Extinction）。中国的《科技日报》在头版也立即转发了相关消息：霍金称，"地球毁灭是迟早的事，人类若想延续生命与文明，只有移居外太空一条出路"；"这唯一的机会不在地球，而应延伸至太空"。（张梦然，2010.08.11）霍金也许蒙对了，但他的言语中透露出数理科学家一贯的不负责任的心态。博物学家的思考将不同于霍金，博物学鼓励人们发展负责任的知识，关爱地球母亲，永不放弃。如果地球因为人类的折腾而提早毁灭，还谈什么"文明"？如果人类不改变思维方式，有 N 个星球也没用。

1.5 博物学的认识论

在认识论上，博物学知识具有地方性、平面性、非表征性和一定程度的私人性的特点。中国古代的博物类科学的认知过程不同于现代自然科学。当代科学哲学是研究认识论的当然学问，但主流科学哲学家基本没有触及博物学的致知方式，波兰尼的科学哲学讨论了博物学的知识论，但他似乎不是标准的分析式科学哲学家。

1.5.1 认知类型与中国古代的类比取象

在过去的一百年中，主流西方科学哲学最重视的是经验证据和逻辑方法，科学哲学教程主要讲实在论与工具主义、归纳与演绎、分析判断与综合判断、自然定律与科学定律、科学说明、科学理论与假说的检验、亚决定性、科学合理性，等等。挑战学者智力的一个永恒问题是：知识的确定性从何而来，如何为之辩护？必然性为何物？其实稍加考察就会发现这一套东西的问题，它们都源于古希腊哲学，是西方人认知方式的具体体现，与中国古人考虑问题的方式基本没关系。

包括中医在内的中国古代的博物学著作，大量采取了"类比取象"

的认知方式。类比方法的本质是，在不同事物中发现、建构出相似的成分，以同代异。这显然是一种近似方法，很难找出其中的必然性，但它经常很管用。特别有趣的是，在中国古代，类比不仅仅是自然科学的方法，也是其他所有学问所强调的方法。在中国古代根本就不细致区分科学与人文。《诗经》的赋、比、兴，是文学手段，诗之所用、作法，也是科学的认知方法。

就近取譬，恰当对比，是重要的感知世界的方式，也是非演绎意义上认识新事物的常见方法。法藏和尚的《华严金狮子章》以殿前的金狮子取譬，形象阐释佛法。本草学家理解动植物的药性以及中医治病救人，也用了同样的路数。你可以说相似不等于相关，对比的双方没有必然联系，但是这种解释事物的方式令人信服，所采取的措施有明显的效果。反过来，西方科学哲学中十分重要的实际因果推断，也无法保证必然性。好像马上就可以捉住的自然联系、必然性，一次又一次溜掉了。"比"，比的是结构相似，讲究的是启示意义，而不在乎原本的两件事物间真的有什么。在这种意义上，世界上任何两件东西都可以进行"比"，也都能发现其中的相似性，这种发现的过程就展现为一种认知。"比"之后还有"兴"。兴，起也、举也。原物与所兴之物，未必有什么内在关联或者其他人一时看不出来，但是行家、修炼者，就能够触景生情。本书第三章讨论《诗经》时，还会谈到赋、比、兴。

取象的认知方式，是把对事物的把握放在唯象的层面考虑。它本身并没有确认除了唯象真理就不存在其他真理了，只是中国古人更诚实，有一说一，没有瞎编背后的还原论机制。取象的认知具有几何化、图形化的特点。中国人一直使用有图形色彩的汉字；中国古代图学相当发达、应用范围极广，有天文图、地图、工程制图（如《考工记》和耕织图）、动植物图等。皇帝甚至使画工为后宫绘图，"案图召幸"。宋元是中国图学发展的高峰时期（刘克明，2008），那时中国的科技也相对发达。图像、插图在认识大自然和科学传播中起到了重要作用，剑桥大学的科学史家楠川幸子等已经做了许多探索（楠川幸子，2006：103—128）。相反，有意回避图形的做法，布尔巴基学派尝试过，后来无法延续。

类比取象的认识论有波普尔"猜想反驳"科学方法论的影子，它侧重于发现而不是辩护。科学发现没有统一的方法，都是一种试验、"拼凑"的过程。类比取象容易出错误，但科学探索最不怕的就是错误。按波普尔的理解，唯有可错的才有可能是科学。科学发展唯一不变的过程或许就是试错过程。

1.5.2 博物学家谦虚，但更符合实际的观念

早在1749年法国博物学家布丰在讨论博物学的研究方法时就指出，人类总是带着条理性、相似性、规律性的框架来认识世界，这样做的过程是必要的，但要防止把来自人类的"模子"误解为大自然本身的特性："这种共同的'模子'并不是存在于大自然之中，而更多的是存在于并没有了解大自然的那些人的偏袒的头脑之中"（布封，2010：5）。

布丰还指出，人类只能采取由不精确到精确的道路，逐渐了解真

相，在寻找规律性的同时不要忘记大自然的多样性和繁复性。博物学对大自然的研究也不是只讲横向联系而忽视深度，而是既要有系统眼光又要有具体细节："在思想上要具有两种似乎相互对立的精神，即一眼看尽所有事物的伟大天才的宏观观念，和只关注一点的勤奋本能的细致入微。"（布封，2010：1）布丰的这番论述，仍然适用于今日的博物学探索。

布丰也表达了博物学家普遍的一种看法，即对单一方法的不确信。这并非先天的判断，而是经验的总结。"也让我们仔细地审视一番植物学家们向我们提供的所有方法的原则吧。我们惊讶地看到植物学家们全都试图从他们的方法中全面了解植物的所有种类，但是，我们也看到他们中没有一个人获得完全的成功。……确实，将一种方法确定为完美的方法，这是不可能办到的事情。……因此，在这一点上，经验与理性是可以互补的，我们应该承认我们是无法在植物学方面提出一种普遍的和完美的方法的。"（布封，2010：116）

将布丰的认识论、方法论与 200 年后逻辑经验主义理论的变化相比较是十分有趣的，我们只能得到一条结论：布丰基于博物学的考虑有先见之明，他的想法甚至比从力学、物理学等硬科学所得出的科学哲学教条要更符合实际。

1.5.3 博物学的个人致知与默会知识

不同于 20 世纪主流科学哲学中的表征主义，波兰尼在《个人知识》和《默会维度》中对人类知识的另一个特点做了创造性的刻画。

表征主义的科学哲学主要来源于数理科学，按波兰尼的理解，这种科学观对精密科学也许适当或者无害；但对于生物学、心理学和社会学来说就很成问题，因为它有欺骗性，影响很坏。波兰尼并没有否定可表达、可言说、可编码的客观性知识的重要性及其力量，但他发现了另一个维度，捍卫了"人"作为一个普通物种在进化过程中因遗传和后天习得而具有的默会知识、技艺。

许多博物学知识是难以表达的，波兰尼说："所知多于所能言"（Bolanyi，1983: 4-5）。"在大学中，许多努力花在实习课上，要教学生识别病例和岩石种类，以及动植物物种。所有描述性科学都研究对象的外表特征，而它们不可能完全以语词甚至以图形的方式表达出来。"（Bolanyi，1983: 5）人类对外表相面特征（physiognomy）有很强的把握能力，但要用语言把对象的特征准确描述出来，向他人传达，则是比较困难的事情。经过努力，有一部分是可传达的，比如警察使用相貌拼接的办法让目击证人指证嫌疑人，目击者虽然无法恰当说出疑犯的体征，但还是有多种组合方案是可以选择的，这种办法部分有效。这说明有些难以言传的知识是可以传播的，但并没有证据表明一切默认的、隐蔽的知识都可以转化为普通知识。相面只是一个方面，人们遇到更多的是对地貌、植物、昆虫等特征的辨识。在描述性科学、博物类科学当中，言不及物、言不由衷，并非主观不努力，而是事物内在特点所决定的。陶渊明说"山气日夕佳，飞鸟相与还。此中有真意，欲辨已忘言。"并非仅仅因为他喝多了、脑子有点乱而无法描述自己的心情和对美好自然景物的认知，而是那种情感、景象在相当程度上无法描述。因此，在描述类科学（可暂时认为其中包括博物学）中，默会知识、个人知识是存在的，甚至大量存在的，它们对于理解事物具有根本性意义。

分类是博物学的基本功，但成为分类行家仅靠书本是不行的。"分类学是以高超鉴赏能力为基础的。"（Polanyi，1962：351）博物学家胡克（Joseph Dalton Hooker，1817—1911）于 1859 年描述来自澳大利亚的 8000 个开花植物物种，其中有 7000 种是自己亲自采集、分类的。波兰尼引用胡克的传记作家赫胥黎（Leonard Huxley，1860—1933）的话："的确，少有人曾经像他［指胡克］那样或者愿意像他那样辨识植物，……他以他个人的方式来辨识其植物。"（Polanyi，1962：351）其实波兰尼不完全同意赫胥黎的看法。胡克的方法并不稀有、少见，只是其他人没有做得如胡克一样娴熟、高妙。"潘廷（C.F.A.Pantin）近来描述了一个新的案例：一种甲虫新种是如何发现的。'有一种不舒适的感觉，哪个地方好像不对劲。随后，突然发现了原来的错误，与此同时意识到事关紧要——'它确实是象鼻虫属甲虫，但不是双线象鼻虫，而是一个新种'！ 潘廷把这种辨识模式称为'美学认知'，以区别于基于关键特征的系统学认知。他表明，美学认知在野外工作中起支配作用。"（Polanyi，1962：351）显然，波兰尼更认同潘廷的理解。在潘廷和波兰尼看来，个体在认知的过程中，伴随着个人鉴赏能力的使用，同时还有审美因素渗入。发现也是一种审美体验。波兰尼引用博物学家、动物行为学家劳伦兹（Konrad Z. Lorenz，1903—1989）的话说，科学家耐心地观察动物的行为，并非因为学者有那么好的体能、认知能力，而主要是因为动物展示出了美，科研活动本身蕴涵着美。博物学、生物学以至于一般的科学，是对人类存在方式、人类的可能存在方式的写照，当哲学上认可了某种理想的"人类存在方式"，也就认可了理想的科学。博物学对于人类生存是基本的，而在此之上的其他知识并非都是必要的、有益的。当资本增殖需要转基因作物时，转基因的基础研究和大田推广，就会以科学名义出笼，全方位地获得合法性。有朝一日，人造生命也会如此。当然，此进程是可以适当延缓和修正的。

博物学领域后来的学人是如何辨识前人鉴定的物种的？这好像不是个问题，前人清晰地描述了某个"种"，后人认识字，也就自然知道、掌握了前人所确定的"种"。前人写下了动物志、植物志，后人翻阅，就可以了解相关种、属、科。学过分类学的人都知道，事情没有这么简单。知识的传承有时需要个体的"涉身实践"。"我们对动物、植物所做的实验研究，除非与我们日常生活经验和博物学中已知的动物、植物联系起来，否则就是无意义的。"（Polanyi，1962：351）后来的学人即使背下来多卷本的植物志、动物志，在现实中可能依然辨别不出物种。新物种的建立，通常依据若干显著的特征描述，但是这些关键特征在形态上是可变的。"植物的特征被不同的作者描述为'卵形的（ovate）、广椭圆形的（oval）、开展的（patent）、具长硬毛的（hisute）、具缘毛的（ciliate）等等'，但这与不同作者心里所想象的那些特征可能有很大差异。威尔穆特接着说，'林奈说的披针形叶，根本不同于林德利所说的披针形叶。……我的同行中没有两个人能画出同样的披针形叶。'关键特征的知识作为一种准则在物种识别中价值不大，与所有准则一样，只对于那些真正把握了其应用艺术的人才有价值。"
(Polanyi，1962：351)

在日常生活中，博物学并没有这么玄。大量博物学知识甚至不必拉"科学"这杆大旗。举一例，母亲与失散的孩子相见，如何辨识？做 DNA 实验进行亲子鉴定吗？这是还原论的方法，据说非常准确。但是通常博物学方法也可以应付。一个负责任的母亲对自己的孩子是非常了解的，通过面相、身体各个部位的特点、语音、行为等等，都有可能准确识别。在野外遇见某些植物，问生物专业的人士，他们经常说，此时无法鉴定，必须等到开花、结果，与植物志核对后，才知道是什么种。这当然显示了其科学态度。物种的鉴定要依据检索表，植物学专家根据植物志上检索表所列举的特征（通常涉及到花、果）进行鉴定。可是，我们在野外未必每次都能赶上植物在开花。一位熟悉本地区植物的老手，理论上应当对于区内的植物非常熟悉，对于几乎每一种植物，比如露蕊乌头和盒子草，在它生长的任何时期，都能准确地辨识出来，从小苗刚出土，只长出两三片叶子，直到开花、结果。甚至只见一片叶子、一块树皮，就能认出来。能做到这一点吗？可以。而且做到这一点未必需要专业的植物学知识！比如说，当地农民，对高粱、玉米、大豆或若干杂草、杂木非常熟悉，他们虽然不知道植物的学名，但能够准确无误地区分它们。某一个地区百姓对物种的命名虽然不够科学，但比较稳定，不会变来变去。

博物学家对物种的把握相当程度上依赖于行家、大师的独门绝技，这一点虽然被第五届国际植物学大会所确认，仍然免不了让他人觉得

瑞香科美丽而有毒的植物狼毒，2010 年摄于青海刚察。

博物领域知识肤浅、不客观、不严格。肖伯纳的作品《范尼的第一出戏》(*Fanny's First Play*)提到，如何判断一出戏是否是好戏呢？回答是，如果某戏剧是由一位好作家完成的，那么它就是一部好作品。用在博物学上，针对如何看待某人对物种的鉴定和对新种的描述，就有了类似的表述：如果是由高手完成的，那么它就是好的。高手也有看走眼的时候，但对于博物类领域（包括医生看病），在相当多情形中人们宁愿相信高手。波兰尼肯定了这一有疑问的类比：好的分类学家描述的物种，通常也是好的物种，即合格的物种！

波兰尼还对一些人试图把分类学建立在"更科学"的还原论基础上的举动，表示了警惕和怀疑。他并非想否定新的数理方法和实验方法，而是要不断重申传统分类法的基础地位。"归根结底，对于大自然中大量的动植物，要想给它们带来秩序，你必须仔细观察它们。"后人对传统分类法的修订、补充、深化，运用了大量新奇的方法，特别是分子生物学的方法。但是，"这些努力显然不是要人们抛弃博物学，而更热衷于建立于更客观基础之上的新体系。可是，现代生物学的各个角落都弥漫着一种氛围：把博物学的原有观念贬低为一种沉思的、不靠谱的知识，而不是解析的知识"(Polanyi, 1962 : 353)。又有半个世纪过去了，情况还在加剧。

1.5.4 博物学与知识传习

博物学的传承与其他知识的传承有许多共性，这里不谈，下面只讨论一个容易被忽视的方面。博物学知识由于有很强的个体性，在传承时也不同于数理知识，除了依靠书写记录外，还要依靠各种各样的实践。许多手艺是靠师傅带徒弟而代代相传的。联合国保护人类文化遗产，也强调把遗产当作活物来保存。

即使在今天，实质定义（ostensive definition）的知识传承方式，仍然有效，比如父母教婴儿了解外部世界和日常事物的指称关系。野外教学实践中，教师有时需要多次用手指着具体的植物、岩石来传递基本知识，比如告诉学生这是蔷薇科的龙牙草，那是蔷薇科的水杨梅，这是柱状节理，那是石香肠结构，最终使得学生在几乎任何情况下都能准确识别它们。上述两种植物同科不同属，初学者经常混淆。野外实习是课本学习的必要补充，是通过阅读植物志、背诵以规范、科学的语言描述的植物特征所无法代替的。在野外，学生经常会惊呼："这就是传说中的绶草？""真的是桃儿七吗？"这种惊讶传递出新手获得知识一瞬间的奇特感受。他们先是从书本上知道一些名称，也大致了解一些特征，但是并不真正了解它们的长相。

教师在野外实习课中如何教会学生呢？按波兰尼的说法，学生有捕捉教师演示活动之意义的智能，或者按休谟的说法，人类有进行相似性外推的本领，虽然这种外推是没有现成形式逻辑根据的。即使在日常知识的获取中，逻辑学家、科学哲学家迄今没有找到严格逻辑或者根本就不存在可以想象的某种简单逻辑，更不用说在自然科学当中、在科学发现过程当中。不同个体的这种能力差别是很大的，但所有人都或多或少有这种能力。甚至，这并非只是人类才具有的智能，许多动物或者有机体都有此类本事，否则在生存论的意义上，它们是不适应的，在进化长河中会被自然淘汰。比如，高原上的牲口能够辨别狼毒这种有毒的美丽植物，不会去吃它。马和牛是用什么方法做到的？这同样很难回答，就像问一个具体的人，你是如何认出张三的，如何认出龙牙草和水杨梅，同时还能将它们与若干委陵菜属植物相区分的。作为个体，我们可以用不同的办法，得到同样的结果。拥有一定博物学知识的人，能够准确区分透骨草与蓝萼香茶菜，刚长出幼苗就能区分开，不必等到它们开花。对于植物分类和鸟类分类，已有证据表明，原始部落在没有现代科学的条件下，人们已经对它们做了适当的分类，这些分类与基于现代分类学所做出的分类通常是不矛盾的，甚至在种的层次可以很好地对应起来。

波兰尼在一篇《身体与精神》的演讲中解释了博物类知识的传习，特别提到名实对应以及类似中医的脉诊。"通常的经验还告诉我们，在教学过程中，我们必须依靠学习者认识我们向其传达之事的知性努力。当我们传授医用诊断学，在实践课程中识别植物学、动物学、组织学和地质学上的一些标本时尤其如此。另外，当我们学习识别感官性质——例如鉴定脉搏的特征和有力程度及人类赋予它的其他多种性质时，或者更恰切地类比，当我们学习通过乐音的回响来鉴别我们正在演奏的打击乐器时，亦同此理。"（波兰尼，2004：196—197）他还提到，在向学生传授知识时，有许多东西"是我们无法明言的，待到将来轮到他自己的时候，他亦知晓但却无法明言。"在教与学过程中，"必须依靠学习者对我们设法传授给他的大部分东西进行自我揭示的能力"，学生只能"用你自己的方式理解"相关内容，"许多学科的知识

蔷薇科龙牙草，2011 年摄于河北观音堂。

都是基于类似的理解方式而学习的，譬如建筑学、机械构造学、晶体结构、地质单元分层。"（波兰尼，2004：197）

公共知识、普适方法在现代知识传承中很重要，但传统方法，个体化的私人方法，依然是有价值的。我曾做过实验，只在野外一次又一次真实地指证植物的名称，并不讲分类依据和方法，经过多次强化，过了一段时间，学生是可以认出那些植物的。我再请他们各自讲述自己是如何认出它们的，是如何区分差异很小的不同植物的。他们讲述的理由五花八门，极少与植物志检索表上列举的特征重合。事实上，植物志检索表通常无用，圈内人不明说罢了。比如区分楝科的香椿和苦木科的臭椿，最"科学"、最严格的特征是果实形状不同，前者为五角星形的蒴果，后者为翅果。但是在99%情况下，人们根本看不到它们的果实！难道大家，包括植物学家，都要谨慎地说"无法判定"吗？不会，事实上几乎每个人都有一套自己的辨识方法，甲可能对A类特征敏感，而乙可能对B类特征把握得较好，在现实中这些长处都可以使用。植物分类行家可以修炼到这种程度：只要拿一片叶子或一块树皮，立即就能准确地写出学名。他是否会犯错误呢？当然有可能，但是修炼好了，此人会对某一个地方的植物种类非常了解，对各种植物在一年四季不同生长期的外表特征了如指掌，可以做到准确无误。其中，他可能用到无数独门绝技，甚至神秘的方法，以达到默会致知（tacit knowing）。这些方法不轻易示人，或因为惧怕来自科学共同体的嘲讽而不能示人，也可能想示人而说不清楚。

林奈等人所奠定的分类法，后来被德勘多尔、拉马克、居维叶所完善。到了 20 世纪中叶，博物学已经积累起庞大的知识库，已知的动物有 112 万种，植物为 35 万种。但是根据波兰尼的判断，这一伟大的成就并没有为博物学赢得尊重。相反，经典的分类法在现代人看来已经变得不算什么学问了。何以这样？因为社会变了，人们的知识观、自然观发生了变化。人们对个体致知（personal knowing，或译成"亲知"）这种认知形式变得不感兴趣，人们不再信任个体致知的能力，也怀疑由此所建立起来的构体（entities）的实在性（Polanyi，1962：350）。

获得更多的个人知识，是博物学工作的一个必要阶段。博物才能洽闻。朱熹、吕祖谦在《近思录》中曾讲："或问：格物须物物格之，还只格一物而万理皆知？曰：怎得便会贯通？若只格一物便通众理，虽颜子亦不敢如此道。须是今日格一件，明日又格一件，积习既多，然后脱然自有贯通处。思曰睿。思虑久后，睿自然生。若于一事上思未得，且别换一事思之，不可专守着这一事。盖人之知识，于这里蔽着，虽强思亦不通也。"朱熹、吕祖谦还说过："然一草一木皆有理，须是察。"做理学如此，做博物学也是如此。李约瑟早就发现理学与自然科学精神非常一致（李约瑟，2006：237）。在评论李时珍奏书的一段话"虽曰医家药品，其考释性理，实吾儒格物之学，可裨尔雅、诗疏之缺"时，李约瑟说："不论格物和格致这两个词在 12 世纪时（朱熹时代）是什么意思，但李时珍同我们一样肯定这两个词有自然科学的含义。"（李约瑟，2006：273）

1.5.5 博物学对知识论的扩充

由博物学加以清晰例证的个人知识、默会知识，对于整个自然科学是不可缺少的，它不仅存在于描述性的科学当中，而且普遍存在于所有科学当中，即使最纯粹的科学，如力学，其中也有个人知识的成分，当然可能少一些。波兰尼对科学哲学、知识论的重要贡献也体现在这一方面。

准确界定人类知识需要两个逻辑端点，以前的实证哲学明确了客观、公共、普适性这一端，而波兰尼让我们体会、承认、欣赏到主观、个人、地方性这一端，并且尝试以这一端为起始点和架构，结合对照端的特征，在一个连续谱系中理解人类的认知行为、技能习得和运用过程。这一突破好比人们用 RGB 体系理解颜色，在此体系中必须同时考虑两侧的不同端点，对于每个分量描述其"灰度"（取值为 0 到 255），才能准确地定位某个真实的颜色点。这一过程在信息化时代，我们已经能够用鼠标左右移动调节滑杠轻松地确定一个三元组，比如用（R，G，B）=（235，101，18）的办法定义一种橙色。经过这样的范式转换后，我们更倾向用不同"灰度"的主观性、个人性、地方性来统一理解全部知识，而原来实证主义的知识特征只是一种极限情况，作为理想化的参照点依然有意义。作为科学家的波兰尼限于各种约束，仍然抱着"客观性"这样一个好词不放，最终维护了"客观知识"的称谓。现在倒是可以明确地认为，任何知识同时无法摆脱主观与客观两种成分。

博物学的认知、致知过程，也可以与德雷福斯的"涉身"

（embodiment，也译作"具身"或"体现"）现象学联系起来。而德雷福斯的理论部分来自梅洛-庞蒂。1963 年波兰尼指出："在我的系列演讲之后，梅洛-庞蒂的《知觉现象学》（巴黎，1945）影响到英国。这部书并没有处理科学哲学，而是沿胡塞尔的路线分析知觉到的知识，得出了与我在此表述的相类似的观点。"（Polanyi，1963:12）波兰尼也依据个人知识有无法表征成分的思想提出过机器智能的有限性，这与德雷福斯后来的《计算机不能做什么》有类似的论证思路。"一切信息的沟通都得依靠唤醒我们无法明言的知识，而我们所拥有的一切关于心理过程的知识——比如关于感觉或者有意识的知性活动的知识——也是以某种我们无法明言的知识为基础的。如果我们的确是由注意到一些无法明言的事物而认知心理过程，那就意味着我们不可能制造出一台能够做出与我们据以认知这些心理过程的反应完全相同的反应的机器。"（波兰尼，2004：196）

现象学与博物学都关注"生活世界"，如果说有区别的话，相对于博物学，现象学的超越性还不够，还执著于人类中心论。[①] 不过，在不涉及环境伦理的情况下，两者可相安无事，并且可联手面对共同的对立面。1980 年代初期，现象学家德雷福斯兄弟为我们描绘了人类主体学习技能的理论：专家技能的学习要依次经历从新手（novice）、高级初学者（advanced beginner）、胜任（competence）、熟练（profici-

---

① 现象学对博物学的支持应当是全方位的，但是两者风格不同，目标不同。Charles A. Dailey 在 1960 年代就讨论过博物学与现象学之间的关系：Natural History and Phenomenology, *Journal of Individual Psychology*, 1960, 16 (01):36-44. 刘胜利 2011 年在博士论文中提出"现象科学"的概念，与博物学有联系，很有启示意义。

ency)、专家技能（expertise）五个阶段（姚大志，2010.05）。普通人学习开汽车和研究生学习做科研，都可以尝试用上述五个过程来理解。这五个阶段仍可以进一步归并成两期，分别对应于不同的行为模式，前三阶段的总体特征是"超然的和分析的"，后两个阶段是"置身其中的和直觉的"（姚大志，2010.05）。德雷福斯也承认，这两期之间有一种断裂。

我们可以把德雷福斯的技能习得阶段与个人致知的几个阶段对应起来。以学习驾驶为例，在前三个阶段，未来的驾驶员要利用自己的学习能力及在其他领域习得的经验，了解汽车的工作原理，所学车型的机械结构、功能，学习交通法规，通过笔试，在教练的指导下参加若干学时的驾车学习，然后是"桩考"和"路考"，拿到驾驶证。众所周知，取得驾驶证，并不意味着当事人真的一下子就成了好司机。在这三个阶段中，当事人只是把朴素的"个人知识A"与公共知识（大部分是书本知识和教练总结出来的可传授的知识）多少有些生硬地捆绑在一起，勉强能够操纵机器而已，实现在不复杂的情况下遵守规则地前行、停车、倒库，规避明显的风险。在这三个阶段中，知识仍然外在于主体，没有"具身"(be embodied)。只有经过若干年的"实战"，行驶数万公里，当事人才能通过练就"个人知识B"而成为驾车"老手"。作为老司机，他（她）已经"忘却"公共知识（如交通规则、汽车运行原理等），其操作如疱丁解牛般地自然，对档位、油门、刹车的控制，特别是在出现特殊情况下的应急反应等，都达到一种新的境界。实际上在后两个阶段，驾驶员并非真的"忘记"了所学的公共知识，而是使用时根本不用特意去想它们，此时知识真正被主体内化，成为新的"个人知识B"。"个人知识B"是有机结合了公共知识后的"个人知识A"的高级阶段。一名优秀的司机，不用特意想着如何不违反交通规则，因为其驾驶行为与交通规则已达成默契，也不用特意想着驯服机器或者专门考虑如何操作才能安全、高效、节油，因为此时其身体已与外部的机器有机结合成为一部联合运作的系统。这样的优秀司机，未必讲得出来能量守恒原理、机械原理以及一大堆术语，但他（她）的确是把好手，所学的知识成了自己的知识并且不认为那还是知识。把德雷福斯、姚大志的理解加以改造、增补，关于技能习得与个体知识之间的关系，可以得出下表。

阶段 1	阶段 2	阶段 3	阶段 4	阶段 5
学徒新手	高级初学者	胜任者	熟练者	高手
超然的和分析的行为			置身其中的和直觉的行为	
受理智和运动意向性支配			部分转化为个人习惯	
个人知识 A ＋公共知识			个人知识 B	

技能习得阶段与两种个人知识的对应关系。据姚大志的论文（姚大志，2010.05）修订。

为了提醒各种类型的驾校学生，教练通常可以这样讲：再聪明的人一开始也会感到不适应，再笨的人经过反复练习也能学会开车，而要成为超级高手，需要天赋和努力。

与知觉现象学、个人知识相关，还有一个麻烦问题：对人类博物学知识之个人性、非编码性、原始性的强调是否会导致与"动物之博物学"相混淆？人类车手学习驾驶，会不会就如同小猴子学习爬树、在森林中跳跃？

这的确是个重要问题。在地球生态系统中，人类只不过是一个物种，在进化的长河中，人与其他物种都拥有了各自的适应能力。但很难说人类的适应能力最强。红背蜘蛛会竖起多根丝阵捕食；流星锤蜘蛛会用一根下垂的丝线挂着"流星锤"击打猎物；狼蛛则用吐出的丝做成育儿床、育儿袋，然后扛着走四方，直到下一代茁壮成长起来。与这些蜘蛛相比，人类并不高明多少。联想到人类婴儿出生后不堪一击，需要多年哺育才能自立（人类婴儿相当程度上属于"早产"，因为婴儿头长得太大无法自然生产。大头意味着较大的脑容量，即增强的智力。脑袋大是进化的一种结果，但人类的脑子不会无限增大，事实上现在的增大速度已经趋缓或停止），人类在自然环境中能够快速繁衍，已经属于奇迹。无需讳言，如果有动物博物学的话，它与人类博物学的确可能比较接近，而与人类数理科学相距较远。那么，强调博物学，是否一定程度上意味着强调人类作为动物的本能呢？毕竟人以外的许多动物也能劳动和学习。回答是：正是这样。

习语常说"禽兽不如"，这种说法显然预设了人高于动物。但是，这句话还可以理解为人真的不如禽兽！禽兽的恶通常是自然的，而人类的恶通常是精心设计的、非自然的，因而普通动物的恶似乎不能真正称为恶。

依据德雷福斯的技能习得理论，专家"对技能的掌握已使得行为具有完全直觉的、非反思的特征，并径直受到运动意向性的支配"（姚大志，2010：79）。"德雷福斯承认，'动物们由于生存需要，也会倾向于成为专家。'这时候，一个近乎荒谬的推论出现了。当人类达到了掌握技能的最高阶段，却发现根本没有办法和动物相互区分。这和德雷福斯坚持生存论现象学的观点有关。他赞同用知觉活动刻画人类意识生活的方式，同时也放弃了用理性区分人类和动物的通常做法。"（姚大志，2010：79—80）人与动物学习的根本区别可能在前三个阶段（在这三个阶段中，强调有意识、以规则为基础的学习）。人以外的动物在不经过前三个阶段就能拥有类似的专家技能，猎豹幼崽学习捕猎、河狸筑坝、织布鸟编织吊巢、黑猩猩用草茎钓蚂蚁等，都达到了不可思议的娴熟境界，它们并没有经受课本知识的训练。人以外的生物在进化过程中，为了生存掌握了大量高超的技能，其中有相当多是人类所不及的，如变色龙与加蓬咝蝰的伪装、蝙蝠与海豚的超声定位、信鸽的导航、大象感受次声波、癞蛤蟆在汶川地震前有异常反应等，这些"本能"已经写入基因，是可以遗传的。早先的人类也许拥有对大自然的某些超常感受能力（也许原本是平常的），但后来遗忘了，这与文明标准、教育体制和人们所推崇的知识形式有关。

德雷福斯的这些看法与西方主流哲学依据理性和意识对人与动物进行划分的观念，差别巨大，却与博物学的观念比较接近。矛盾主要出在：我们当下积极推行的教育体制和社会激励机制无限制地鼓动人们开发与天斗与地斗与人斗的高科技；而不是着眼于人类个体或群体的持久生存而传承那些传统智慧、低技术、常规技术，以及温习与一般动物日常生活相关联的习性和本能。如果我们能够突破人处处高于动物的观念，或许就能化解这种矛盾。一位失去了童年玩耍机会然后在高压状态下不断奋斗而活到 80 岁的人，很难说他的"人生"比一只猴子的"猴生"更自然更幸福。人类超越其他动物，似乎是不可避免的进化进程，但是不能不看到，近 300 多年里，人类开发特别知识（主要不是博物类知识）的速度，与大自然的自然进化节拍不符，人类背负着人造知识的沉重包袱，最终有可能被压垮，而大自然亦不堪其重负。

1.6 博物学与人类未来

博物学的认知方式是自然的，而近现代科技的认知方式是不自然的。这是由后果论进行的分类。如果觉得此划分不公道，还可以放松一下，比如，认为近现代科技中有些是自然的，有些是不自然的；而博物学中有些也是不自然的。可以做出此让步，因为量就是质，二分法本来就不应当坚持。

自然的认知是承认大自然的权威，人法天、人向大自然学习；不自然的认知是分割、隔离、控制自然世界，试图驯服、压榨、勒索自然世界，并制造虚拟世界，自己充当"美丽新世界"中造物主的角色。

依据博物学的传统技术，对大自然的破坏极为有限，绝大部分伤害在人地系统中会自然修补。而与工业文明互为推手的、依据现代科学的技术，已经进入自主驱动的螺旋式怪圈，几乎每种技术都带来一系列问题，为了驯服前一种技术，必须发展出下一种新技术，而新技术又带来新的问题，人造的技术最终伤害了人类也破坏了环境。"道高一尺魔高一丈"，"魔"与"道"已经混淆，魔即是道，道即是魔。而人在哪里？人着了魔，背负了越来越沉重的包袱。

个体的人生极为有限，作为物种的人类还想多存续一段时间。人究竟想做什么？想做怎样的物种成员？这不是玄之又玄的与个体无关的问题。

1.6.1 重新审视现代教育的功能

我们现在的教育根本上是一种西式教育，文、理、工、医皆然，这种教育严重忽视了更可持续的东方文明。博物学文化不强调还原论的深刻和竞争广泛存在于世界各地，是一切文明赖以发展的基础。在传统与现代、东西与西方之间寻找桥梁，博物学是重要的思想资源。

在过去，博物学是可持续的、久经考验的、缓慢变化的知行体系；在未来，博物学与想象中的生态文明是匹配的。即使它本身不足以支撑未来的生态文明，也是其相当重要的组分。

如果人类不想被工业化的"战车"长久绑架的话，就必须尊重这种知行方式，设法延续它。郑樵在《通志》中说："学者操穷理尽性之说，以虚无为宗，实学置而不问，仲尼时已有此患。"这是妨碍博物学发扬光大的一个原因，但不是主要原因。现代教育不是没用，而是太有用了，为用而用，不择手段。全面恢复博物学，在现代条件下非常困难或者说几乎不可能，但这样一种微弱声音相当于强调保存人类的可持续生存本能。也许，明知不可，也要为之，也要尝试。现在各国的教育体制是否有助于人类的可持续生存呢？答案基本是否定的。

现代教育相当程度上不过是一种特殊的职业教育，是使人成为人上人的扩大竞争优势的教育，是鼓励"智力暴徒"的教育。与它配套的舆论是"优胜劣汰，适者生存""落后就该挨打"。在现代性条件下，为了出人头地，年轻人在学校不得不经受内容复杂形式多样的苦读，学制一再延长，体制化教育培养出的人才已经逐渐丧失自然生存的动物本能，如果不算由言语和阴谋所展现的算计、攻击本能的话。人类如其他动物一样，在进化中已经拥有了一些生存智慧，它们与博物学有关。如果现在任凭这些生存智慧丢失，可能是不明智的。阿米什人（the Amish）儿童只接受八年教育，不读大学，也生活得很好，而且避免了许多麻烦（Hostetler，1993）。他们并非愚昧，而是对教育有着独特的理解。在他们看来，教育的主要目的无非是教会下一代与大自然如何打交道以及与同类如何相处；片面地追求高科技只能算是"小道"，阿米什人与孔门弟子一样相信小道"致远恐泥"（《论语·子张篇》）。阿米什人的教育观念并非落后，它充满了智慧，是我们学习的榜样。

改革人类的教育体制，可能要考虑如下原则：（1）重新审视教育的目的与功能，倡导博雅教育，智育要严格服从于德育，"博学于文，约之以礼"。"教育应当强调改进人与人之间的各种关系，并且在教育中应当消除任何形式的对战争和暴力的夸耀。"（Pugwash Conference.

1958.09.19）（2）大大缩短学制，从小学到大学的在校教育时间不宜超过 10 年。（3）多传授地方性知识，平衡传播普适性知识，少鼓吹"致毁知识"。（4）加强美育、体育，适当增加博物、文学、艺术、历史、哲学、纯数学的比重。

1.6.2 博物学需要直面进化论的"罪过"

相对于上述的长远考虑，还有更紧迫的问题需要处理：如何看待博物学与进化论的关系？进化论是极为重要的博物学分支，但是由于种种误解某种程度上它染上了"败坏道德"的坏名声。这涉及许多复杂问题，如果不阐述清楚，危害还会持续。只有阐明了这些问题，新博物学才可能放下包袱、轻装前行。

生物演化理论一直有着博物学的背景，达尔文登上贝格尔号时是半个博物学家，下船时已经是全世界最出色的博物学家了。随着《物种起源》在 1859 年发表，达尔文自然选择进化论迅速传播开来，直到 2010 年此书发表 150 周年，也恰好是达尔文诞辰 200 周年，学者们、政客们仍然没有很好地讲清楚在过去的一个多世纪中人们究竟从进化生物学的科学理论得到了哪些启示？早有就人说过，最近一百多年来人类极其好斗，而且摆出许多道理来，相当程度上以为进化论负有重要责任。恶行并不十分可恶，可恶的是为恶行作铿锵的、科学的辩护。

包括鲍勒在内的一些学者也明确指出，达尔文的进化论除了自身的若干小缺陷外大体上是正确的，但在传播过程中长时期被歪曲了。作为博物学家的达尔文，所提出的理论没有提供分子生物学的机理，也没有提供复杂的数学计算，按理说人们理解起来并不十分困难。但是，越是这样的理论，反而越容易被误解。超弦理论、量子场论不太容易被误解，因为普通人根本不敢去理解，这样的理论即使被误解了危害也不大。我曾提出达尔文进化论最突出的特点在于"三非"（刘华杰，2007：162）：第一，非宗教，从科学史上看，的确是达尔文最终把上帝逐出生命科学领域。第二，非人类中心论，达尔文的工作进一步把人"降低"到一个普通物种的层次，并使人类能够更平等地看待地球上的所有生命形式。至少达尔文的理论提供了这样一种可能。第三，非进步，在达尔文的理论看来，进化不等于进步，"进化论"翻译成"演化论"更准确。进化是局部适应或者被动适应，进化是盲目的，进化没有终极方向。不过，后来发现，我对第一条的表述是不准确的。

著名女科学家、连续内共生理论的提出者马古利斯曾提到，现代进化论也许要进行一场"后现代综合"（Margulis and McMamin，1992：编辑导言xxii），我们也注意到达尔文的进化思想本身有着后现代的意味，与他所处的资本主义上升的时代有相合的一面，更有不合的一面。在过去的一百多年里人们各取所需，更多地是从现代性的角度而不是后现代性的角度理解达尔文，"适者生存""优胜劣汰""斗争常有理"等观念以科学的名义为人们所理解并广泛运用。但是把达尔文想象为一个后现代学者要面对一个矛盾：上述的"三非"中后两条与后现代的观念是一致的，但第一条却不一致。后现代强调"返魅"，而这与非宗教是矛盾的（刘华杰，2010b：20）。2010年在上"博物学导论"课时，我突然意识到，"非宗教"三个字可能掩盖了实质内容，此表述不

美国科学院院士、著名科学家马古利斯，她提出了连续内共生理论（SET）。

准确，是角色重叠造成的误解。达尔文走的是自然主义的路线，其实并非直接要反对宗教，他直接反对的是当时的教条、正统观念，而那时基督宗教中的一部分正好扮演着教条和正统观念的角色。就反教条、反正统、坚持自然主义路线而言，[①] 与后现代的主张完全一致，没有任何矛盾。反过来，也可以对后现代的"返魅"做另一种解释，后现

---

① 英文中 naturalist 和 naturalistic 均同时有自然主义（的）和博物学（的）含义。在当今西方哲学、心理学和认知科学中流行的自然主义，与还原论、物理主义、科学主义和数理科学传统的关系较近，而科学知识社会学（SSK）所要求的自然主义与经验论和博物学传统的关系较近。

池杉（*Taxodium ascendens*），杉科植物，
2009 年摄于上海植物园。

代学者也并非对各种宗教有多大好感，只是针对过分的"祛魅"导致人们过分看重原子、物质，忽视精神、灵性，而倡导一种不同于现代性的另类看法而已。听人类学家魏乐博的讲座并与其交谈，也印证了我的一个看法：传统信仰和宗教本身并不意味着就一定有利于环境保护，只是从多元性的角度有必要恰当对待它们而已。经过这样的解释，达尔文的"三非"所指变成：非教条、非人类中心论、非进步，这与后现代思想完全吻合。顺便提及，达尔文的进化论并没有埋葬所有形式的目的论，只是抛弃了神学目的论，但对于生命过程仍然容许其他形式的目的性说明。甚至，改造后的某种自然神学仍然可以与科学意义上的进化论并行不悖。李善兰在《植物学》序言中说："察植物之精美微妙，则可见上帝之聪明睿智。"其中的"上帝"可以换成"大自然"或者"进化"。

如果达尔文的创新思想的确有某种后现代的味道，那么他于 19 世纪中叶发表的理论不被误解，则几乎是不可能的。达尔文的博物学探索得出的结论太超前了，超前一个世纪。今天，要完整、准确理解达尔文的进化论，作出合理的社会学、政治学解释、演绎，可能需要明确几件事：(1) 达尔文进化论是博物学的未竟事业，虽然从 20 世纪开始它已经是整个生物学的重要研究领域，大量使用还原论的方法和数理方法，但是进化论在思维方式上依然是博物的，不是数理的也不是还原论的。现在的自然科学已经大谈分子进化、基因进化，但这无法改变宏观意义上进化理论的博物学性质。(2) 作为博物学的进化论与当下主流的自然科学之间有着一定的张力，正如后现代性与现代性之

野罂粟（*Papaver nudicaule*），也叫山大烟，罂粟科植物，摄于北京白草畔。

间有张力一样。(3)进化生物学的未来发展仍然离不开博物学的眼光。把"共生"观念深度整合到进化论当中，批判道金斯"人生而自私"的科学怪论，恰当驾驭威尔逊所开创的社会生物学，以"共生范式"取代"斗争范式"等等，博物学家或者有着博物头脑的学者，都有大量的工作要做，有一阶也有二阶的，甚至有三阶的。沿着怀特、达尔文、华莱士开辟的博物学、生态学、行为生态学（ethology）道路以及20世纪新崛起的保护生物学（conservation biology）道路，生命科学仍然大有作为，而且不伤害自然环境。

1.6.3 诸多问题有待研究

就本土文化而言，中国古代的博物学确实博大精深，需要传习、总结、缓慢创新。到现在为止，中华博物文化虽饱受摧残，仍未完全死掉，它不应当在一百年内在我们的时代彻底消亡。对于未来全球的生态文明，中国古人的智慧仍可以发挥作用。

博物学的复兴，需要在若干层面做大量具体的工作：（1）在科学教育和科学传播层面，博物学应当优先传播。（2）落实中小学新课标关于知识、情感、价值观三位一体的新理念，在大学要多开设博物类课程。（3）以博物学的视角重写人类科技史或者人类文明史。（4）适应于可持续发展和生态文明，倡导博物学生存，明确反对"奇技淫巧"和"速度崇拜"。

中国已经开始步入小康社会，有希望迎接平民博物学的新时代（林丹夕，2011.01.13）。以上只是就博物、博物学有关概念、认识特点、

意义等进行了初步讨论，许多描述可能是不准确的、矛盾的、错误的，有关博物学存在大量问题，需要深入研究。

（1）中国的博物学与西方的 natural history 之间有哪些差异？不同民族在成长中的不同认知类型之间究竟是什么关系？这涉及中西博物学的比较研究，不做大量细致的案例研究不可能得到真正阐明。案例研究应当先易后难，可以先国外后国内。因为现在 50 岁以下的中国学者大部分对中国古代文化不熟悉，看古汉语比看英文还困难。这个研究顺序并不表明中国的博物学不重要，也许恰恰相反。有了世界眼光，同时高度重视地方性知识，才能更准确地把握中国古代的认知与生存智慧。

（2）旧博物学与新博物学是什么关系？博物学是随时间而变化的，今天我们倡导博物学，显然不可能简单地复活原来的博物学。但是，在博物学衰落的过程当中，展望一种或多种新博物学，本身需要胆量和智慧。中国学者研究博物学并不只是为了中国人本身，中国知识分子要有超越精神，要争取成为世界知识分子。

蛇鞭菊（*Liatris spicata*），菊科植物，摄于北京延庆。原产于北美。

（3）如何恰当地处理博物学与自然科学之间的关系？当今自然科学极为强大，已经成为现代性社会的理性根基之一，任何事物与自然科学有所矛盾或者仅仅表现出某种不一致性时，它本身就处于弱势话语，常常被逼得理屈词穷。不破除科学主义的迷信，博物学问题不可能得到公正的讨论、评价。

（4）从知识论、哲学角度充分研究博物学文化。20世纪上半叶主流的西方科学哲学是逻辑经验主义，这种哲学特别强调逻辑和理性，蔑视多样性。虽然后来这种哲学受到多方面的围攻，但仍然很有实力。在此情况下，知识论、认识论、方法论的讨论要有更宽广的视角，要从兄弟学科中汲取营养。田松博士说"人类学是哲学的解毒剂"，至少现在看来非常有道理。这样讲并非贬低哲学，而是要促进哲学变革，来自社会学和人类学的启示有助于哲学的自我完善。当一般哲学变得更加宽容时，特别是能够容忍相对主义时，博物学内在的哲学智慧才能得到充分展示。目前中西哲学，仍然处于不同范式之中，现在呈现的多样性是未充分交锋的互不相关的多样性，我们需要的是印度哲学、中国哲学、俄罗斯哲学、欧洲哲学、英美哲学等思想碰撞后所展现的多样性。哲学是爱智慧而不是拥有智慧、霸占智慧。社会供养哲学家，是希望哲学家以自己的智慧照亮黑暗，哪怕只是点亮很小一片黑暗，比如一平方厘米；而不是希望哲学家玩嘴皮子而显示出自己比别人更会谈论智慧、更拥有智慧。爱智慧是动宾结构，主要是一个发现、体验的过程，而不是辩护、论证的过程。

（5）在教育领域博物学的地位如何体现？这是说起来容易做起

来极困难的事情。真正的挑战在于，如何设计出一套制度体系，使得传统的博物学知识、本土知识在教育体制中得到体现，而不是让历史不长但影响巨大的西方近现代"正规教育"一统天下（Barnhardt and Kawagley，2005；Ryan，2008）。如何尝试开设博物类课程，如何编写地方性知识教材、如何避免学生负担的进一步加重等等，都需要实证研究。更具体一点，博物学与当下高考的关系如何处理？现行的高考制度已经剥夺了孩子们接触大自然的机会。

（6）倡导博物学如何避免弱智、蒙昧、落后就该挨打、反科学甚至不爱国等等指控？世界各国如何像军控谈判一样协商研发何类新知识？这是一些严肃的问题，是知识社会学真正要讨论的事情。各国之间只要有诚意、有合作意向，就有可能进行有效的协商。协商并非不要新知识、新技术，而是控制它们的发展速度，使人类能更好地驾驭人类的发明物。知识经济状态下，"知识势差"是国与国、富人与穷人、西方与非西方诸多不平等的重要根源之一。也许此类问题的讨论暂时不会有结果，但讨论起来本身就是有益的。

（7）中西博物学交流史案例研究。曲爱丽最近做了"林奈与中国植物"的有趣研究（A. Cook，2010），这样的案例如果积累到100个，会大大深化我们对博物学的多方面理解。西方植物学在19世纪中叶传播到中国时与自然神学捆绑在一起的特征，在李善兰与传教士们合作翻译的《植物学》中有突出表现（刘华杰，2008）。如果说自然神学与博物学的结合在西方是普遍情况，并且持续时间较长，那么，在中国，博物学与中国传统文化、信仰的结合也很牢固、持久，这方面需要做

北京大学未名湖东南角雪景。前景雪下的植物为卫矛科白杜（*Euonymus maackii*）。2013 年 3 月 20 日上午。

大量工作。

（8）博物学传统与文化自信。看重本民族、本地区的博物学传统，可能会同情文化相对主义。中国现在被视为世界大国、强国，但许多国人的心中对自己的文化仍缺乏自信。

有人在引述了一些统计数据（比如人类历史上重大技术创新累计约1235项，科学成就只有515项。其中，中国人在技术发明中的占比不足5.8%，而且，这个比例中大部分是关于居家生活的发明创造，影响人类进程的重大发明很少，对世界科学成就的贡献率不及1%，仅仅强于印度和巴基斯坦。而英国是18.8%，美国是18.2%，德国是11.5%)后得出结论："这说明我们并不是今天落后，从前就落后了。《本草纲目》有医学精神，但没有博物学精神。中国人缺乏探索精神，我们今天所津津乐道的徐霞客，出于儒家修为行万里路，它是儒家修身养性的附属产品。而西方从亚里士多德开始就有博物学精神，到柏拉图以来提出很多问题。中国人要从思维方式上改变自己，才能迎头赶上世界科学的脚步。"（张锐锋，2014.12.26）

据我了解，这不是一个两个人的观点，似乎表达了许多人的观念。

李时珍、徐霞客当然是重要的博物学家，也有博物学精神，只不过与西方的不同罢了。这还是小事。在我看来，上述论调考虑问题的尺度不够，只计较小尺度的局部输赢，而不见大尺度的整体权衡。用协同学（synergetics）的语言讲，只看到快变量而没看到慢变量，而系统的长远发展其实是由慢变量控制的，即老子讲的"静为躁君"。从新的文明论的观点看，也不会认同中国文明天生落后。重视博物学能为我们找回文化自信。学者要想一想，为什么称"落后"呢？落后是相对于什么而言的？今日强力的西方文明真的就是"先进"和"文明"吗？中国"关于居家生活的发明创造"很多，这不好吗？难道只有关于汽车、加速器、原子弹、坦克、杀虫剂、器官移植、转基因的发明创造较多才叫好吗？徐霞客出于"儒家修为"行万里路，"儒家修身养性"不好吗？已经成为世界第二大经济体的中国，非得在乎"迎头赶上世界科学的脚步"吗？关键在于什么是"世界科学"？当今的科学技术高度一体化，首先是为资本方和权力方服务，我们战胜强盗一定要先成为强盗吗？中国文化或者东方文化有自己的特点，不能说都好，但自有其优点。其中一个重要优点是此文化对大自然的破坏力有限，比较有利于天人系统的可持续生存。别的不用说，仅凭这一条，它就是优秀的，值得传承的。其次，我们的传统文化有相当的弹性，不坚持客观唯一真理论，实际上允许了地方上文化的多元存在与发展，这与宣扬至高无上唯一真神的基督教文化以及后来的科学实在论完全不同。历史上我们也对外输出文化，但方式是商贸活动和日常交往，而不是西方国家搞的传教，更不用说武力征服了。

因此，仅从博物学角度，就要反省当下的主流科技创新模式，我基本上赞成金周英女士的论断："我们需要让重视精神价值和伦理价值的东方文明以及追求天人合一的中国传统哲学观念重新焕发活力，成为人类未来文明的思想基础，引导人类进步和进化的方向，培育'人类命运共同体意识'，迎接一个扬弃了东西方文明的'伟大文明'时代。"（金周英，2014.12.26）不大同意的是，我不认同"人类进步和进化的方向"的提法。人类演化过程很难说"进步",按标准进化论(演化论)的说法来看,"进化"也没有方向性。

(9)国家社科规划办将建立"国家社科基金重大项目选题库",最近每年都面向全国公开征集选题。征集通知说:"重大基础理论项目旨在资助弘扬民族精神、传承中华文化、对学科建设和学术发展起重要作用的基础理论和文化研究课题,通过公开招标、国家立项方式组织全国相关领域专家学者集体攻关,着力推出代表国家水准的标志性成果。"2010年我试写了一则"博物学视野中的中华知识体系及其传承",自认为是符合上述精神的,可惜在基层就被拿下。后来也看到了"2010年国家社科基金重大项目(第二批)立项课题(81项)"目录,2011年又蠢蠢欲动,终因不知水深几何而作罢。我并非认为本人就能主持这样的项目,提出此选题是希望引起学界的关注,国家立项,请高手领衔,多单位多学科合作,大家共同参与研究。2013年是我的幸运年,我申请的一个带"博物学"字样的课题获得批准,感谢所有支持复兴博物学的朋友。

豆科大豆。摄于吉林省通化市。

菊科漏芦。摄于北京昌平。

毛茛科华北乌头。摄于内蒙古黄岗梁。

槭树科三花槭。摄于吉林省通化市。

薯蓣科穿龙薯蓣的茎左旋。摄于北京昌平。

松萝。摄于云南香格里拉。

第二章

西方的博物学家们

是故观人察质，必先察其平淡，而后求其聪明。

——刘劭

要重塑现在的博物学家，我宁愿培养一个知晓当地动植物的农家男孩，也不愿要一个从顶尖大学毕业的生物学高材生。

——梅里厄姆（Clinton Hart Merriam）

就这样，我自然也成了植物学家，成了研究大自然的植物学家，其目的只是为了不断找出热爱大自然的新理由。

——卢梭（Jean-Jacques Rousseau，1712—1778）

即使我们坚持向洋人学习，也存在要学什么的选择问题。知识、科学、传统是多样的，至少从博物的视角看事情就是这样。

以博物的眼光重新审视西方文明史、西方科学史，能看到不同的风景。

班克斯、华莱士、达尔文、林德利、J.D.胡克、法布尔、K.劳伦兹、古尔德、E.O.威尔逊等都是颇有名的博物学家、科学家。值得注意的是，博物学家未必都是传统意义上的科学家，比如怀特、卢梭、梭罗、缪尔、巴勒斯、狄勒德。甚至这些人中也有不被描述为博物学家的，而在我看来他们极为重要。

如果普通读者没有足够的耐心，读读本章卢梭那一节（2.7节）就可以了。

2.1 老普林尼及其《博物志》

亚里士多德是西方古代思想的集大成者，流传下来的著作表明，他的知识、思想相对于柏拉图更为全面，他既重视逻辑推理，也重视经验观察，但后者常被哲学史、科技史工作者所忽视。古希腊哲学专家苗力田先生说："亚里士多德的哲学尊重经验，跟随现象，最后归于理智的思维。他认为，求知是所有人的本性，而对感觉的喜爱就是证明。人们通过经验得到了科学和技术。经验造成技术，无经验则只能诉诸偶然。并且，对于实际活动来说，经验和技术似乎并无区别，而

一个有经验的人，比那些只知道原理而没有经验的人，有更多的成功机会。"（苗力田，1990：2）

如果说柏拉图颇有数学家气质的话，那么亚里士多德则是扎实的物理学家和生物学家。针对本书，说得更明白些，亚里士多德与柏拉图相比，亚氏更接近于我们的主题。

西方自然科学的发展继承了亚里士多德的博物学，传承了他所积累的材料和知识，这一进路一直没有中断，即使在中世纪，也是如此。在 10 卷本的《亚里士多德全集》中，自然科学的内容非常多，约占三分之一以上。在自然科学当中与博物学有关的有《论天》《天象学》《论生命的长短》《动物志》《论动物部分》《论动物行进》《论动物运动》《论动物生成》《论植物》《论风的方位和名称》等，其中论动物的内容最多，占了两卷。这些著作虽然有些是他人借亚氏之名而作，但亚氏作为优秀的博物学家这一点是可以确信的。亚里士多德的博物学研究可能也影响到他在政治学和伦理学中的自然主义倾向。[①] 有学者指出，后来的休谟、达尔文、E.O. 威尔逊在处理哲学问题时与亚氏同属一个阵营，比如有关"道德感"（moral sense）的思想（L. Arnhart, 1998: 4）。亚里士多德关注了动物，而他的弟子、"吕克昂学园"继承人、执掌逍遥学派长达 35 年之久的泰奥弗拉斯特（Theophrastus，约 370 B.C.—285 B.C.）则更细致地研究了植物，并被后人尊称为西方植物学之父。其植物学作品的写作方式在许多方面都很像其导师的《动物志》。他的两

---

① "自然主义者"与"博物学家"在英文中是一个词 naturalist，这个词也译作"自然学家"，如潘光旦在译达尔文的《人类的由来》时。

部著作《植物探究》和《论植物的发生》对后来中世纪的科学产生了一定的影响。这两部著作目前容易找到古希腊文与英文的对照本，但都没有中译本。希望有人或有单位规划一下，把它们翻译出来。

在西方博物学史上，早期最有名的人物是古罗马作家、历史学家普林尼（Gaius Plinius Secundus = Pliny the Elder，23—79），也称老普林尼。[①] 他出生于今日意大利北部的一个小城。他著有包罗万象的百科全书《博物志》（*Historia Naturalis*），全景式地记录了公元 1 世纪古罗马的科学、技术和人文学术，为后人编写百科全书提供了模式。书名的准确含义是"对世界的研究"[②]，这个书名也确立了西方世界 natural history 这一探究领域。此书由 37 卷组成[③]，内容包括：植物学（包括农业、园艺）、动物学、药物学、冶金术、采矿与矿物学、艺术史、罗马技术与工艺、对自然界的数学和物理描述、地理学、民族学、生理学等，其中篇幅最大的有三部分内容：植物学、动物学、药物学，占 24卷。这样的大部头著作在传抄过程中产生了许多差错，在 15 世纪末有人指出，找到并纠正了 5000 多处排印错误。在中世纪，这部百科全书的影响力达到高潮，此后受欢迎的程度趋弱，到 19 世纪时达到最低点。

据小普林尼回忆，老普林尼公务缠身，既担任一份公职又是皇帝的顾问团成员，他能写出如此巨著，关键在于他善于利用一切可利用的时间。他是个工作狂，很少休息，常在夜间工作。夏季他时常躺在

---

① 老普林尼的侄子在历史上被称作小普林尼。

② 比如有人把普林尼的著作 *Historia Naturalis* 翻译为 *Recherches sur le monde*，伦敦大学科学史家 John F. Healy 认为这样译更准确。

③ 这只是存世的著作，据小普林尼讲，他叔叔在此之前还写了 65 卷其他著作，可惜都遗失了。

法兰克福 1582 年重新出版的老
普林尼《博物志》中的一页

太阳底下，让别人向他大声朗读，自己做着摘录工作。用这类办法他
处理了能读到的所有图书。不管什么书，他总能从中发现可取之处。
出差在外，他也让书、笔记本、秘书陪伴左右。

　　老普林尼反对奢华的生活方式，对自然环境的破坏也表现出关注。
他不可能如当今生态学家、环境保证主义者一样理解相关问题，但是
他的确表达了类似的看法。在他看来，一些人被奢靡和贪欲所鼓动，
过着不自然的生活，最终滥用了大自然给予人类的礼物。他特别提到
采矿业带来的道德问题和环境问题。为了寻找贵金属，大山被劈开，

响声震耳，"矿主像征服者一般，眼睁睁看着大自然被破坏。……在开挖时，他们并不确切了解那里是否有金子。仅仅渴望得到他们所觊觎的宝藏，就为其冒险找到了充足的理由。"（转引自 J.F.Healy，1999：373）老普林尼还注意到，银矿开采和提炼排放了对动物，特别是对狗，有毒的物质。

亚氏的博物学著作侧重的不是经验描写，而是原因分析。这与普林尼的博物学是不同的。普林尼的做法更能体现后来博物类科学的特点。不过，两者在方法论上的分野、对垒、交错和借鉴，在后来科学发展史上时有体现。人类探索大自然有不同的进路，聚散两依依。夸张点说或简化点说，博物类科学与数理科学在方法论上分享了西方哲学中经验论与唯理论两大阵营的特点。

有学者经常抱怨《博物志》只不过罗列、摘编了大量事实、传说和知识，甚至还有许多迷信成分；普林尼未能追随希腊哲学传统，未能构造出严谨的理论来解释现象、事实。"我们肯定不能把普林尼列为罗马世界的伟大思想家之列。他列举事实，但很少尝试基于它们进行概括。读他对化学物质的描写，我们发现他用大量材料相当准确地描述了它们的特性，却完全没有提供理论，哪怕是初步的理论分析，这一反差令人印象深刻。"[1] 普林尼的巨著没人能够小视，但挑剔的后人总觉得其中缺少某种东西。缺少什么呢？缺少自然哲学！而自然哲学几乎被等同于西方哲学、科学，而这种学术传统带有柏拉图主义信念，

---

① 这是 K.C.Bailey 的话，转引自：J.F.Healy，第 101 页脚注 8。

认为理论高于描述、逻辑高于经验。实际上普林尼恰好试图回避希腊哲学家所提供的不靠谱的"原因论分析"。他宁可低调地记录传统、传说，也不受诱惑求助于抽象推理和诡辩。这当然是其博物学作为严密的西方科学的一个缺陷，不过也正好展示了博物传统的特点：朴素的、非还原的探究方式。

西方学问一直存在"哲学的"和"历史的"两大派别，它们界限分明，但也时常彼此借鉴。博物学从一开始，无疑主要属于"历史的"派别，从名字上就可以看出来。在这里，"哲学"两字并是指如今世界上存在的各种各样的哲学，而是指古希腊特有的一种追求逻各斯、不变性的西方哲学，由这种哲学最终导出了现代数理科学；"历史"两字并不突出时间性和演化性，而是突出经验性、多样性、复杂性。

选择"历史"风格或路线，是自公元 1 世纪时起到现在所有博物学家工作的共同特征。对它有贬褒两方面的评价。数理科学的强盛令人们更多地看到"贬"而不是"褒"。

2.2 格斯纳与作为人文学术的博物学

普林尼博物学的百科全书研究进路，持续了 1500 多年，素材虽然在不断地增加，但基本风格没有实质变化。

这期间社会形势发生了巨大的变化，博物学变得更有市场了。在中世纪学术界变得有些沉闷，草药学在缓慢却坚实地积累材料。到了

16 世纪中叶，博物学与其他学术一样，全面复兴。科学史家的研究表明，在这之前从 1490 年代到 1530 年代，学者们做了两件事：（1）恢复有关动植物之历史和药用方面的希腊文作品和拉丁文作品；（2）在现实生活中辨识古人所描述的物种。而这类工作不是某几人做成的，它是一个共同体集体努力的产物。

虽然时间过去了一千多年，但此时的博物学仍然不具有我们现在熟悉的面孔。那时的博物学与现在人们理解的博物学有很大差别，它们在内容上不是更接近 19 世纪的作品而是更接近公元 1 世纪的作品。文艺复兴时期博物学是作为整体的文艺复兴文化的一个重要组成部分，"要准确地体认这一点，我们必须把博物学应当是什么样子的所有先入之见抛在一边，才能了解本真的文艺复兴博物学。"（W.B.Ashworth，1996: 17）

下面主要根据科学史家阿斯沃斯（W.B.Ashworth）的研究进行叙述。那时的博物学有何特点？最好的办法是打开一卷 16 世纪的博物学作品，看看上面都有哪些内容。翻开有代表性的格斯纳（Conrad von Gesner，1516—1565）的《动物志》（Historia Animalium），就能领略那个时代的博物学。格斯纳生于苏黎士，对植物、动物和多种语言颇有研究。五卷本《动物志》被认为是现代动物学的发端，主要讨论了四足兽、鸟、鱼和蛇。现在，瑞士医学史与科学史学会（SSHMS）的会刊名字就叫格斯纳。①

---

① 格斯纳在瑞士人中的地位颇高，他之于瑞士，犹老普林尼之于罗马帝国、约翰·雷之于英国、林奈之于瑞典、布丰之于法国。

De Aquila. A. Lib. III. 163

鹰。格斯纳《动物志》中的插图。作者不详。

即使从今天的眼光来看，书中动物画也是相当精美的，包括真实存在的或者传说中的动物。[①] 以"狐狸"（*vulpis* = fox）为例，可以分析格斯纳作品的一般结构（W.B.Ashworth，1996:17-37）。论狐狸的部分共占 16 个对开页，如果折算成 16 开本，大约有 60 页。开头有一幅木刻狐狸画像，接下来为由 A 到 H 共 8 节的文字描述。A 节是一小段，主要描述名字：*vulpis* 在法语中写作 regnard，在英语中写作 fox，在荷兰语中写作 vos，此外，还列出了在其他大量古代和当代语言中的对等词语。B 节描述不同地区狐狸的差别，比如俄罗斯的狐狸红色中有点发黑，西班牙的狐狸通常是白色的。不过，它们也有共性，如都有长毛尾巴。C 节描述狐狸的习性和活动，它独特的叫声，它与其他动物的关系，它的饮食，是否可食以及可药用等等。在此，我们可以了解到格斯纳阅读了无数前人的著作，把与"狐狸"相关的事实、传说、格言几乎全部汇总起来了。格斯纳是极有造诣的厚古薄今的古典学者。对格斯纳来说，博物学依然主要是在图书馆中汇总前人的文字材料，而不是建立在个人直接与大自然打交道基础上的一门观察性科学。"格斯纳是一名人文学者，至少在他眼中，博物学首先是一种人文主义的追求（humanist pursuit）。"格斯纳是坐在书房中的博物学家，与今日时常跑野外的博物学家差别很大。

最长的 H 节中列出了狐狸的各种秉性，如诡计多端、狡猾、不诚实等等，并且都配以大段的经典引文，这相当于一部"词源"，在此我

---

① 与之前的博物学作品一样，此时的《动物研究》并不在乎某种动物是否真实存在，比如独角兽享受与章鱼、戴胜等动物同样的待遇。

犀牛。格斯纳《动物志》中的插图。作者为丢勒。

们能找到 foxy 这一形容词具有的所有含义。格斯纳列出了狐狸作为引喻的各种例证，包括《圣经》中狐狸的所有"出场"。在 H 节的后面，在没有任何说明和过渡的情况下，格斯纳列出了一些格言、寓言。初学者一开始搞不懂 H 节为何汇集了这样一些杂乱的内容。前面的若干节虽然也杂乱，但毕竟与狐狸的习性等还直接相关，但 H 节似乎根本不像是博物学，因为这与大自然没什么关系。在其他节中毕竟引用的还是亚里士多德、普林尼、阿伊连（指用希腊语写作的罗马博物学家 Claudius Aelianus，175—235，著有《论动物的本性》）、迪奥斯柯瑞德（Pedanius Dioscorides，40—90）、大阿尔伯特等权威人物，而在此节我们遇到的则是普兰努德（Maximus Planudes，1260—1330）、伊拉斯谟（Desiderius Erasmus，1466/69—1536）、阿尔恰托（Andrea Alciati，1492—1550），在通常的博物学著作中根本不会见到这些名字。

作为科学史家，阿斯沃斯的创新之处在于，他让人们换种思路来理解格斯纳，理解那个时代的知识体系、那个时代的博物学。格斯纳愿意用如此大的篇幅不厌其详地讨论有关狐狸的称谓、形象、寓言、象征等等，我们难道不应该假定这样一种可能性：动物象征主义的知识是 16 世纪中叶博物学的重要组成部分吗？我们现在的博物学中不再考虑符号、象征，但文艺复兴时期的博物学不同。如果我们多了解一些伊拉斯谟和阿尔恰托这两位巨人对格言和象征的关注，就会更好地理解文艺复兴文化及其博物学的特点（W.B.Ashworth，1996: 20-23）。我们也再次看到布鲁尔在科学知识社会学（SSK）中所述"知识"定义的重要性。

格斯纳的博物学，在我们看来有许多缺点，比如不够纯粹、简明、准确、客观，但是另一方面它所述说的狐狸具有极大的丰富性：维度非常多，"古今中外"，包含了与狐狸有关的人与自然的几乎所有知识。特别是，它不是关于对象的客观主义的学问，而是人与自然共同体的现象学意义上的学问，而他本人首先是人文学者。人文主义是文艺复兴时期一个宽广的智识框架（intellectual framework），博物学正是在此框架内得以生根发芽、走向繁荣的（B.W.Ogilvie，2006:11）。即使到了博物学正式诞生的 18 世纪，布丰的《博物学》仍然被视为文学作品，被普遍阅读和收藏。1994 年考斯莫斯国际奖获得者、法国自然博物馆的巴罗（Jacques François Barrau）教授在评论布丰的《博物学》时指出，

"博物学过去和现在都打上了人文文化的烙印"，今天，博物学对于自然科学、人文科学和社会科学都是有用的（舍普等，2000：6）。中国魏晋时期的博物学，更是人文主义的学问（于翠玲，2006：107）。

从维拉（Giorgio Valla，1447—1500）、沃吉尔（Polydore Vergil，1470—1555）、维佛斯（Juan Luis Vives，1493—1540）三位人文学者所编写的百科全书来看，15 世纪晚期到 16 世纪早期，对动植物的讨论越来越多，前人所做的零星探索被汇总起来，这一切努力为 18 世纪严密的博物学研究做了许多准备工作（B.W.Ogilvie，2006: 2-4）。在中世纪，博物学的探索多分散在"医学理论"和"自然哲学"的标题之下。而在文艺复兴之前，受亚里士多德目的论的影响以及自然哲学的影响，人们对自然事物的关注，更集中在大而化之的机理上，集中在关于原因和结果的抽象叙事当中，不大重视对个体物种的记录、考察和描述。

奥高维（Brian W. Ogilvie）研究了从 1490 年到 1630 年间的四代博物学家，他发现虽然他们的关注点和工作方式有许多不同，但是他们之间有连续性，并有一个重要的共性，即"描述"（description），他们工作的过程和结果都表现为"描述"（B.W.Ogilvie，2006: 6）。他们追求对自然事物描述的准确性，并且指责古人对事物描写得不恰当、不精确。从 1530 年代到 1630 年代，博物学作为一门学科已具雏形，它的中心工作就是描述大自然，把大自然中奇异的、普通的造物分类、编目、认真测量、仔细记录和描写，可能是文艺复兴那个时代的共同文化气质，表现在文学、绘画、医学解剖、天文观测和对动植物的考察上。"描述"既涉及技术，也涉及理论。

博物学家做着一些琐碎、细致、艰苦的工作，但从一开始他们的工作就是人文主义与经验主义的结合，并且一直坚持下来。他们从来没有被理性主义、唯心主义牵着走，也许并非他们不向往胡塞尔所反思的数学化，而是当他们面对大自然造物的惊人复杂性时，他们不得不保持着谦虚。另外，这个领域相当长时间有着自然神学的传统，这也可能是由于他们的研究对象实在太复杂、太精致了，他们自觉地把对象的设计归结为上帝的智慧，而且不认为在短时间内人类能够完全搞清楚上帝创造万物的秘密，更不敢轻易尝试通过人的智识努力而与上帝一比高下而制造新的物种。

西方博物学的历史发展可粗略分出若干阶段和类型：第一阶段是草创期，以亚里士多德和老普林尼为代表；第二阶段是中世纪和文艺复兴的准备期；第三阶段是林奈和布丰的奠基期；第四阶段是直到19世纪末的全盛期；第五阶段是20世纪中叶以来的衰落期。

博物学家五花八门，类型至少可分出："亚当"分类型；百科全书型；采集型；综合科考型；探险与理论构造型；解剖实验型；传道授业型；人文型；数理型；世界综合型，等等。（刘华杰，2010a: 64—73）有的人物会同时在几种类型中出现，由此也可以看出博物学与实验科学甚至数理科学是平滑过渡的。限于篇幅，不可能对每一类型都讨论一番。特别值得关注的是人文型的兴起和特点，这一类型与现象学所讲的"生活世界"的关系密切，对于沟通科学与人文、对于培养热爱自然和保护自然都十分重要。

2.3 英国博物学之父约翰·雷与自然神学

约翰·雷（John Ray，1627—1705）是与牛顿同时代的伟大科学家，两人同在剑桥大学学习并任教，雷稍年长一些，但两人的科学工作完全分属于不同的学术传统。

作为学者，雷的学术研究有如下四个特点：（1）雷是神学家和科学家，有着虔诚的宗教信仰，其博物学与自然神学融为一体。自然神学的基本思路是，通过仔细研究大自然这部上帝的伟大作品，从而发现并证明上帝的智慧。从这个角度探索大自然，有助于加深对有机体

约翰·雷画像

结构、功能、生理、适应和适合度的理解，从而为后来的进化论积累起丰富的资料。西方植物学进入中国时，也是与自然神学捆绑着一起传入的，1857 年李善兰与传教士韦廉臣、艾约瑟合作翻译的《植物学》一书大量涉及自然神学（刘华杰，2008：166—178）。(2) 雷熟悉经典文献，但他并不迷信书本上的权威。他对英格兰、欧洲大陆等地的植物、动物和岩石进行了详细的经验研究。(3) 雷热衷于旅行、野外考察。其后，林奈、班克斯（Joseph Banks，1743—1820）、洪堡（Alexander von Humboldt，1769—1859）、歌德（Johann Wolfgang von Goethe，1749—1832）、达尔文、华莱士等都延续了这一传统。(4) 雷博物恰闻，是少有的通才。雷对神学、语言、植物、动物（鸟、昆虫、鱼等）、地质均有广泛而深入的研究。

雷的主要著作有（C.E.Raven，1986: xv-xix）：《剑桥郡植物名录》（*Catalogus Cantabrigiam*，1659），《英格兰植物名录》（*Catalogus Plantarum Angliae*，1670），《英语谚语汇编》（*Collection of English Proverbs*，1670），《低地诸国考察与异域植物名录》（*Observations and Catalogus Exteris*，1673），《鸟类学》（*Ornithologia*，1676），《植物志》（*Historia Plantarum*，Vol. I，1686; Vol. II，1688; Vol. III，1704），《植物学新方法》（*Methodus Plantarum Nova*，1682），《鱼类志》（*Historia Piscium*，1686），《古典词汇》（*Nomenclator Classicus*，1689），《欧洲植物汇编》（*Sylloge Europeanarum*，1694），《植物学新方法增编》（*Methodus Plantarum Emendata et Aucta*，1703），《植物属志》（*Historia Generalis Plantarum*，1686，1688，1704），《不列颠植物纲要》（*Synopsis*

Methodica Stirpium Britannicarum，1690）、《造物中展现的神的智慧》
（*The Wisdom of God Manifested in the Works of the Creation*，1691）、《世
界消亡与变化散论》或《自然神学三论》（*Miscellaneous Discourses
Concerning the Dissolution and Changes of the World*，1692，后来的版
本名字修改为 *Three Physico-Theological Discourses*，1693）、《昆虫志》
（*Historia Insectorum*，1710）、《鸟类与鱼类纲要》（*Synopsis Avium et
Piscium*，1713）。

2014 年熊姣的博士学位论文"约翰·雷的博物学思想"（熊姣，
2014）出版，这使得中国人对约翰·雷首次有了较全面的了解。

雷在植物分类学、解剖学和生理学方面也有许多具体贡献，如
1686 年在《植物志》中表述了现代意义上"种"（species）的概念；在
植物学上将开花植物分为单子叶植物和双子叶植物两大类，如今被子
植物门分双子叶植物纲和单子叶植物纲的思想就源于此；依据花、果、
叶、根等多种特征综合地对植物进行分类。

1667 年雷被选为"促进自然科学伦敦皇家学会"（简称"皇家学
会"）会士，这时候皇家会刚成立不久（1660 年 11 月成立）。1669 年
与其学生合作在《哲学汇刊》（*Philosophical Transactions*）上发表论文，
讨论了树液在植物体内的上升运动，并推测了它与植物茎、叶、果生
长发育的可能关系。

雷的研究奠定了近代英国以至近代整个西方世界博物学的基本风
格，博物学与自然神学紧密结合的传统一直持续到 19 世纪晚期。在雷
之后，英国培育了一大批优秀的博物学家。

有一点需要指出，雷所做的工作非常出色，但他并非孤军奋战，并非一切都从头做起。在那个时代，雷所做的植物形态、分类、解剖甚至生理研究，在国际范围已经有一些同行。雷与劳埃德（Edward Lhwyd，1660—1709）等保持着通信联系。国际知名的植物学家，在雷之前有塞萨尔皮诺（Andrea Cesalpino，1519—1603）、鲍兴兄弟[①]、荣格（Joachim Jung，1587—1657），雷继承了他们的成果；在雷的同时代有英国的莫里斯（Robert Morison，1620—1683）、意大利的马尔比基（Marcello Malpighi，1628—1694）、德国的巴赫曼（Agustus Quirinus Bachmann，1652—1725，其名字也写作 A.Q.Rivinus）、法国的马格诺尔（Pierre Magnol，1638—1715）及其学生图尔内福（Joseph Pitton de Tournefort，1656—1708），雷与他们之间彼此借鉴；在雷之后有法国的裕苏兄弟[②]、瑞典的林奈、英国的班克斯、德国的斯普伦格（Christian Konrad Sprengel，1750—1816）、瑞士的德堪多尔（Pyrame de Candolle，1778—1841）和英国的达尔文等。

2.4 吉尔伯特·怀特与《塞耳彭博物志》

1720 年吉尔伯特·怀特出生于英格兰南部距伦敦不到 60 英里的一

---

① 指 Johann Bauhin（1541—1613）和 Kaspar Bauhin（1560—1624）。其中，后者先于林奈提出了双名法的思想。

② 指 Antoine de Jussieu（1686—1758），Bernard de Jussieu（1699—1777）和 Joseph de Jussieu（1704—1779）。裕苏是法国的一个大家族，出了许多植物学家。其中前两位也是马格诺尔的学生。

个小乡村塞耳彭，他一生绝大部分时间都在这里度过，日后他撰写的英语世界印刷频率第四的图书《塞耳彭博物志》所描写的事情当然也发生在这里。快 300 年过去了，以"怀特家乡"而享誉全球的这个塞耳彭，依然保持着 18 世纪早期的田园风貌。

村中唯一的一条主路由东南向西北伸展，怀特家的一所大房子就在临街的西侧，保存完好，如今已成为一座博物馆"怀特与奥池博物馆"。其中奥池指 Lawrence Oates（1880—1912）和其叔叔 Frank Oates（1840—1875）两位博物学家、探险家，怀特与他们最大的不同之处在于专注于家乡，而不是远方。这一特点非常重要，它暗示，在博物学上取得成就，未必一定要到天涯海角探险。我们身边有大量貌似熟悉的自然事物，实际上并未得到认真的观察、研究和理解。

怀特对家乡的气候、地质、地貌、鸟类、物候、物产、人口、生态等，都做过长时间的经验研究，在 1789 年出版的《塞耳彭博物志》中，他把所有这一切以书信体的形式表达出来。信是写给威尔士博物学家、《不列颠动物志》作者、瑞典科学院院士、英格兰皇家学会成员本南德（1726—1798）和英格兰律师、古董商、博物学家巴林顿（1727—1800）两位的。论专业学识，显然怀特远不如这两位，但是在科学史和文化史上，怀特的名气、影响力愈来愈大，而那两位完全可以忽略不计。《塞耳彭博物志》被 20 世纪生态运动奉为圣经之一，在中国也曾被李广田、周作人、叶灵凤热烈鼓吹过。

就人鸟关系而言，怀特对鸟的观察、讨论，造就了一种与以前完全不同的观鸟文化，BBC 博物学部作家莫斯称其为"现代观鸟之

塞耳彭怀特的老宅，如今依然保持着 18 世纪的样子。摄于 2010 年。

父"。从那时起，英国人对鸟的热爱与日俱增，目前英国皇家鸟类保护学会（RSPB）有 100 万以上的会员。莫斯所著《丛中鸟：观鸟的社会史》一书的第一章阐述了怀特观鸟的特点与意义。怀特的观察并非因包罗万象而变得肤浅和不细致，实际上他纠正过《大不列颠动物志》的错误，并于 1774 年和 1775 年在皇家学会的《哲学汇刊》上发表过 4 篇关于鸟的博物学研究。[①] 这些文章意义非凡，此前人类对于鸟的看重和研究，多局限于其可食性、分类，而不是鸟的习性和生态价值。

怀特以崇敬、赞美的心情描写了大自然的丰富与和谐，他也被后人奉为现代生态学的先驱。环境史家沃斯特在著名的生态思想史《自然的经济体系：生态思想史》中以一整章讨论了怀特。"怀特超出了日常观察和娱乐的层次，他把塞耳彭周边视为一个复杂的处在变换之中的统一生态整体。《塞耳彭博物志》的确是英国科学中对生态学领域最重要的早期贡献之一。……有两点使他形成了生态学见解，一是对他自童年起就已了解的土地和动物的强烈感情，另一个是对设计了这个美好的活生生的统一体的上帝神明怀着同等深切的尊敬。科学和信仰对于怀特来说，在这个合二而一的观念上有着一个共同的结果。"（沃斯特，2007：25）[②]

怀特在那个年代就仔细观察过蚯蚓，并充分理解了这种不起眼的

---

① 怀特的传记作者梅比（R.Mabey）在第七章"细致观察"（Watching Narrowly）中讲述了怀特对某些动物所做的仔细观察，见 R.Mabey, *Gilbert White*, *Profile Books*, 2006, 138-167。怀特在《哲学汇刊》上以书信体发表论文的事情，《塞耳彭博物志》中在致巴林顿第 15 封信末有专门的说明。

② 中译文的文字略有调整。

地下工作者在生态系统中所扮演的重要角色。1777 年 5 月 20 日怀特写道：

> 最不起眼的昆虫或爬虫等，影响却很大，于自然的家计，关系是匪轻的。因为小，故不为人所重，但数量多，繁殖力也强，所以后果是大的。以蚯蚓为例，在自然的链条上，它似是不足道的一小环，而一旦丧失，则会留下可悲的缺口（Earth-worms, though in appearance a small and despicable link in the chain of nature, yet, if lost, would make a lamentable chasm）。且不说半数的鸟和一些四足的动物是以它为生的，单就它本身来说，似也是植被的大功臣，少了它的打洞、穿孔或松土等，则雨水不能透，植物的根须不能伸展；少了它拖来的草茎、细枝等，尤其是它攒起的无数的小土堆、即人称蚯蚓屎的，则庄稼与草地，便少了好肥料，故而长不好。……我们谈这蚯蚓的点滴，是想抛砖而引玉，使性好求索、敏于观察的人，去从事蚯蚓的研究。一篇好的蚯蚓专论（a good monography of wroms），会既给人兴味，也给人知识的；在博物志上，将开辟广阔的新田地（would open a large and new field in natural history）。（怀特，2002：315—317；White，1977: 196-197）①

---

① 在这里，中译文中的名词参照英文版略有改动。

在另一处，怀特生动地描写了蚯蚓的习性："它不冬眠，冬季无霜的季节便爬出来；有雨的夜晚也四处爬，由蜿蜒于软泥土上的痕迹可知，它或是出来找食物的。/夜里来草地上的蚯蚓，身子虽探出老远去，但不离开洞子，而是尾巴梢扎里面，稍有风吹草动，即仓皇土遁。这样往外探身子时，它仿佛逮住什么吃什么，样样吃得香甜，如草叶、稻草，或落下的树叶等，它常把它们的末梢拖进洞里。"（怀特，2002：455—456）

怀特对蚯蚓的观察与描述是惊人的，对蚯蚓在整个生态系统中所扮演角色的认知更是惊人的。怀特提到了"存在之链"，链条上蚯蚓地位卑微，却有不可替代的位置、作用。对这个世界没有足够观察与体验、缺乏敬畏之情的俗人，难以领会怀特的宗教情感。抛开宗教，从科学的角度看，怀特也是重量级的人物。当代的一些学者要么无知，要么昧着良知，抓住一点不计其余，研发并推荐使用各种农药喷洒农田、花园，杀死了在生态中起重要作用的蚯蚓和其他生命，造成土壤结构破坏与功能退化。从生态学、生态文明的角度看，谁"更科学"、更高明，答案是显然的。但是，我们的主流文化经常无视这种平凡的真理。就思想史而言，怀特的蚯蚓观察是超前的，他的研究启发了另一位更著名的博物学家达尔文。怀特期望的"蚯蚓专论"也的确由达尔文于 1881 年完成了，这就是《蚯蚓习性观察以及蚯蚓作用下的腐殖土形成》（*The Formation of Vegetable Mould through the Action of Worms, with Observations on Their Habits*），简称《蚯蚓》，这是达尔文去世前出版的最后一部科学著作。在这之前，1837 年 11 月 1 日达尔文在地理学会也报告过一篇"论腐殖土的形成"。不过，作为学者达尔文不地道、不厚道，他并没有提及怀特的先驱性工作。达尔文不知道吗？不知者不怪吗？非也。达尔文非常熟悉怀特的观察并且很羡慕《塞耳彭博物志》，却没有给其 credit。这一点非常不好。如果说达尔文与华莱士之间关于"自然选择"优先权的处理还说得过去的话，关于蚯蚓探究优先权的糟糕处理却无法申辩。

按"现代性"的逻辑，怀特的书在现在似乎很难归类。算科学著作吧，它的形式又是那么松散、自由，那时候相关的生态学、动物行为学以及生物学还不具雏形。算科学教育、科学传播或者科普吧，它又没有那么强的科学使命感，算宽泛意义上的自然神学作品倒不太离谱。而在科学主义、传统科普的话语体系中，科学与神学是对立的。不过，怀特的书，确实是经典，朴素的记述中散发着体验的力量和智慧的光芒。中译者缪哲不无道理地评论说："关于生态意识的书，西方、中国近来都出版了许多，但我以为合其全部，也不如一本《塞耳彭》或《瓦尔登》这样的书。读完这种书的人，若无中国古人所谓的'鱼鸟亲人'之感，是不会有真正的'生态意识'的；而新的生态书，无非是以人的利益出发，以为不善待虫鸟草木，人便如何如何。这与当初坑鱼害虫以取利，在五十步与百步之间，都是私心的作祟而已。怀特的态度，则是受过启蒙的基督徒的；动植物中，有上帝的影子，他的本业，是从中发现他的智慧与完满。这样的态度，是科学的，艺术的，也是宗教的。"（缪哲，2002: 525）怀特的书，以今天的眼光看并不艰深，但要看懂并读出味道，却很难，这需要好心情，需要大智慧。

怀特岛乡赫里奇延森林（Haliger）中的壳斗科欧洲山毛榉（beech）和五加科欧洲常春藤。摄于 2010 年 1 月 30 日。行走在欧洲山毛榉林地中，认出了这里的植被，能更贴切地体会维吉尔《牧歌》的唯句："你在榉树浓荫底下高卧，用那牛纪芦管试奏着山野的清歌；而我就要离开故乡可爱的田畴。" 牧人柯瑞东热恋着漂亮的阿荔吉，那是主人的宠奚，所以他是白费心力，他只能经常到那浓密的榉树林里，在那儿一个人空怀着单相思，而山林枷由杂乱无章的诗句。

怀特家乡塞耳彭的耍闹场（plestor），怀特家、主街和小教堂就在附近。

　　"想透彻地理解《塞耳彭博物志》，就应该去一趟塞耳彭。"[①] 由于怀特的描写，塞耳彭成了博物学家的朝圣地，达尔文、洛厄尔[②]、巴勒斯[③]等名人纷纷来拜见塞耳彭。英格兰的文化精髓在乡村，塞耳彭被一些有鉴赏力的学者、作家当作了英格兰的代表。自怀特起，博物学中就逐渐生出一派人文形式的博物学。其特征是，一批热爱大自然、仔细

① 艾伦（Grant Allen）语。为《塞耳彭博物志》所写的导言，见《塞耳彭自然史》，花城出版社，2002 年，第 15 页。

② James Russell Lowell（1819—1891），美国浪漫诗人、驻英国公使。他曾于 1850 年和 1880 年两次访问塞耳彭。

③ John Burroughs（1837—1921），美国博物学家，自然保护运动的重要推动者。

观察大自然的作家，生动地描写自然景物以及人与自然关系。这类作品，既有科学意义也有文化意义，它们真实记录了个人与自然的对话。没有这种一对一的实在可感的情趣与境界，一切引申和高阶的阐释都是虚无。而那情趣常是现代都市人难以体验的。

怀特这一传统并没有淹没，法布尔（1823—1915）的《昆虫记》、梭罗的《瓦尔登湖》和《对一粒种子的信念》、梅特林克（1862—1949）的《花的智慧》、利奥波德的《沙乡年鉴》、狄勒德的《溪畔天问》（*Pilgrim at Tinker Creek*）等预示这种类型的博物学有光明的前景。卡逊（Rachel Carson，1907—1964）的工作也属于这个传统，在《寂静的春天》之前她就写了许多优美的博物作品（大部分是关于海洋）。她的见解进入主流科学界，费尽了周折。卢梭对植物的关注促进了植物学传播，诗人、科学家歌德（1749—1832）就是从卢梭那里得到启发，爱上植物学，并写出了植物学史上的重要著作《植物的变形》。

怀特开创了人文型的博物学、阿卡迪亚型的博物学，这种博物学在我看来最值得推广。它对于生态文明建设，表面距离最远、实质距离最近。表面看起来它不过是"风花雪月"，似乎很肤浅、很无用。但它对于学者从精神上超越现代性、对于普通百姓获得身心健康是有帮助的。改善人类对待自然的态度，希望可能不在于纯粹的科学能贡献多少力量，而在于这类界面友好的博物学可以给普通人开启一个新天地。不可能人人都成为专家，但这并不妨碍他们欣赏、感受大自然的节律、美丽，只要他们具有博物情怀，愿意接受大自然。

怀特墓，位于塞耳彭村中小教堂的东北角。

2.5 林奈：给大自然和博物学带来秩序

　　林奈（Carl Linnaeus，1707—1778）[1] 出生于瑞典东南部一个贫穷的小乡村。父亲为农民，也是一位不错的园丁和业余植物学家。出生时母亲 19 岁，父亲 33 岁。1708 年举家搬到一个稍大的教区，他的父亲在这时候当上了牧师。当时瑞典社会处于快速变动的时期，按传统命名习惯，林奈的父亲应当姓 Ingemarsson，但是因为他念过大学，算是个文化人，于是他就自己发明了一个姓 Linnaeus，以纪念长在家族老宅旁的一株令人印象深刻的欧洲椴树（linden tree），一些文献说这个词指菩提树或无花果树，那是不对的。以下主要依据布伦特的著作来介绍林奈（Blunt，2001）。

　　林奈 5 岁的时候，有了自己的小花园。读初中时，他发现户外的园艺活动要比教室内的苦读有趣得多。他对植物很着迷，绰号"小植物学家"。林奈也因此耽误了一些课程。学校的老师向他父亲反映，这孩子可能没指望子承父业当牧师了，建议家里考虑让林奈当一名医生。1727 年林奈被送到朗德（Lund）大学开始正式学习医学和博物学。在朗德，林奈寄宿在当地一位医生家里。起初那位医生并不喜欢林奈，后来被这位年轻人的热情和能力打动，于是就允许林奈自由翻阅他个人的藏书。这位医生还让林奈见识了他以前闻所未闻的植物标本室。不久后，林奈就建起了自己的植物标本室。这一年林奈进步很快，他

---

[1] 林奈原名就叫 Carl Linnaeus，这一名字并不是他的另一名字 Carl von Linné 拉丁化的结果。Carl von Linné 是林奈成名后，国王赐予的名字。

不满足于这所学校，决定到更好一点的乌普萨拉大学读书。实际上，即使后者也算不上了不起的大学，学校的主要课程是宗教，它的目标仍然是培养牧师。学校图书馆的藏书也不多，林奈是位穷学生，没有钱去购买他想读的书。他偶尔能从教授的私人藏书中找到自己喜欢的。这时林奈遇到了一位比自己稍年长、学医同时喜爱植物的同学阿泰迪（Peter Artedi），两人志趣相同，非常要好。他们构思了一个宏伟计划，试图用简明、系统、有序的方式整理造物主的伟大"作品"。两人的分工是阿泰迪负责鱼类，而林奈负责鸟类。1735 年，阿泰迪在荷兰不幸溺水身亡。不过，林奈从阿泰迪那里借鉴了一些研究方法，继承了他在鱼类方面已经完成的研究工作，这些在《自然系统》第一版（1735年）中有体现。

林奈年轻时做过家庭老师，还当过"枪手"，替人写过博士论文，回报是 30 铜元。在 18 世纪 30 年代，荷兰是欧洲商业和学术的一个中心。林奈在瑞典已修完大学课程，按当时流行的做法，最好是到荷兰拿一个洋博士学位。通行的程序是，参加荷兰某大学的考试，再提交一篇论文。林奈选择了哈德尔维克（Harderwijk）大学而不是更有名的莱顿大学，理由主要是那里要求低、收费少。当时社会上流传一种说法："哈德尔维克好地方，卖熏鱼、卖越橘，还卖学位。"获得学位的全过程只需要一周时间。林奈带来一篇在瑞典早就写好的论文"引起间歇热病（疟疾）的一个假说"。经过几天的"走程序"，1735 年 6 月23 日，28 岁的林奈镀金成功，在外国拿到了医学博士学位。

1732 年林奈从瑞典皇家科学学会得到一笔基金，得以在拉普兰地区进行为期 5 个月（也说 10 个月）的动物、植物和矿物考察。1737 年他总结此次旅行的收获，出版了《拉普兰植物志》（*Flora Lapponica*）。此次考察以及后来在荷兰东印度公司富商克利福特（George Clifford）的花园任总管的经历，让林奈切实感受到博物学在迅速发展。他有机会接触从世界各地源源不断寄送的标本，但也面临一个必须解决的问题：名实对应混乱，迫切需要标准化的分类体系和命名规则。林奈要"在极端混乱中发现至高无上的自然秩序"。

在博物学中，对自然物的命名是十分重要的认知活动，相当于数理科学中的建立假说和建立模型。命名似乎只是一种关乎人类语言的主观活动，这是一种浅薄的见解。福柯说："自然只是通过命名之网才被设定的——尽管没有这样的名词，自然就会保持沉默和不可见——自然在远离名词的那一头闪烁着，不停地在这张网的远侧呈现，不过，这张网又把自然呈现给我们的知识，并且只有当自然完整地被语言跨越时，才使自然成为可见的。"（福柯，2001：213—214）即使我们坚定地相信客观事实、客观真理，我们也只能通过语言、模型、观念，才可以访问它们。

1735 年林奈出版了《自然系统》，到 1758 年此书已经出版到第 10 版。在这本书里他为植物、动物和矿物设计了一个很人为的分类体系，试图给自然世界以及博物学研究带来新秩序。其中最具创新性的是为植物分类设计了一个"性体系"。17 世纪末的时候，博物学家已经意识到植物的有性繁殖，比如约翰·雷就讨论过，林奈从法国植物学家瓦林特（Sébastien Vaillant，1669—1722）的工作进一步得到启发，发展了以性器官为主进行分类的思想。林奈有很强的性想象力，他对植物的描述大量使用性隐喻，如 *monandria*（字面意思是"一夫一妻"），他喜欢用 *andria*（丈夫）和 *gynia*（妻子）这样的希腊词。林奈根据植物雄蕊的数目和相对位置，设计了一个包括 24 个"纲"的阶层体系。再根据别的特征，在纲下进一步分 116 目、1000 多个属和 10000 多个种。这个体系的最大特点是简明实用。

在林奈之前，法国植物学家图尔内福已经给出过一种科学分类体系，而且也注意到分类要特别关注花的特征，不过，那个体系较复杂，要求熟记 698 个自然"属"。在英国，上一代博物学家约翰·雷也有自己的分类体系，甚至还可以说雷的分类体系某种程度上更自然、更科学。但是，竞争的结果是，林奈体系胜出。理由是，林奈的体系简明，容易掌握，易于传播。分类体系通常分作人为分类和自然分类。两者的划分是相对的。实际上，在知识不完全的状况下，一切分类都不可能真正做到完全自然分类。

1737 年，林奈在欧洲学术界已经小有名气，在荷兰的三年中他拜会了当时科学界的许多名流。在莱顿有人为林奈找到一份好工作，让他为植物园的植物按照林奈体系重新分类。林奈最终决定返回祖国，他取道法国和德国，继续拜访一些科学家。此时法国著名的植物学家图尔内福和瓦林特均已去世，但裕苏三兄弟依然延续着法国的植物学传统，这三位正好是林奈想拜访的。有一天，林奈与裕苏的学生一起进行短暂的植物考察，其中一位学生开了个玩笑，或许也想考考林奈。他从多种植物上取下某些部分拼接成一种假的植物，请林奈给它命名。

林奈看出了破绽，于是风趣地说，还是让你们的老师来命名吧，因为"只有裕苏或上帝才可以这样做！"1738 年 6 月林奈在法国科学院院长的陪同下出席了一次会议，会后被邀请成为学院的通讯院士。如果林奈愿意取得法国国籍并在法国定居，还可以成为全职院士，有薪水，并且前途光明。林奈很愉快地接受了通讯院士的称号，但谢绝了后者。不久，林奈就回到了瑞典的法伦（Falun），他的新娘正在那里等他呢。此前不久，有消息传出，林奈的一个好朋友趁林奈不在时，曾经引诱过林奈的女朋友莉莎（Sara Lisa）。1735 年 1 月林奈与莉莎小姐相识，1739 年 6 月他们结婚。见女朋友并不是林奈急于回祖国的唯一原因，据林奈讲，他不想学法国人的行事方法，也不愿意学法语。回到瑞典后，林奈无法靠研究植物谋生，在岳父的建议下，他在斯德哥尔摩开始行医。林奈后来收了众多弟子，包括一些外国人。这对于传播和传承林奈学说，起到了关键作用。

1741 年 5 月 15 日，林奈接到被委任为乌普萨拉大学教授的消息时，他正启程前往波罗的海的两个小岛奥兰和哥特兰考察，有 6 位精心挑选的年轻人随同前往。7 月 28 日考察队返回斯德哥尔摩，全程花费 536 银元。1745 年林奈才整理出版此次考察的报告《奥兰和哥德兰旅行记》，此书的一个重要特征是其索引，植物名采用两个单词来命名，这是双名法的一个前奏。作为林奈第一部用瑞典文写作的长篇著作，林奈还为用母语写作表示了歉意。1741 年 10 月 27 日林奈在乌普萨拉大学用拉丁文进行就职演讲，主题是野外科学考察对于科学和国家经济的重要性，从此成为大学教授。演讲的这一主题也奠定了此后几百年博物学与帝国扩张之间的密切联系。11 月 2 日，林奈开始给学生授课，在这之后的 35 年中他一直热衷于教书育人。在大学，林奈还掌管学校的植物园。

后来林奈很少去野外考察，他的弟子从世界各地寄送标本，林奈则在室内对其命名。如今，在整个科学界，林奈命名的东西最多。不过，他依然保持着克制，只有一种外表卑微的忍冬科植物北极花（*Linnaea borealis*）是以林奈的名字命名的。

性分类体系是林奈的两大贡献之一，另一贡献是与分类、命名有关的双名法。1753 年他在《植物种志》（*Species Plantarum*）中系统地表达双名法的命名规则，这一年被确认为现代植物分类学的起点。大批博物学家迅速采用双名法。严格讲，双名法并非林奈原创，此前瑞士-法国植物学家鲍兴（Caspar Bauhin）提出过类似的思想，但没有传播开来。双名法规定，物种的学名用两个拉丁词来描述，前一个词为"属词"，后一个词为"种加词"（对于植物）或"本种名"（对于动物）。也就是说"种名"同时包含两个拉丁词。许多人介绍双名法，只把后一个词称为种名，是不对的。物种拉丁双名后面要标上命名人的名字或其缩写，其中十分简洁的"L."为林奈的专用署名。除学名外所有其他命名均为俗名、地方名。比如人类的学名为 *Homo sapiens*，紫藤的学名为 *Wisteria sinensis*，紫薇的学名为 *Lagerstroemia indica*，罂粟的学名为 *Papaver somniferum*。这种看似简单的规定，给学术界和自然界带来了秩序，原则上解决了名实对应的大问题，因为自此全世界的学者在讨论某个物种时，使用学名就可以避免指称错误，便于文化交

林奈画像。右手拿的是一种忍冬科植物北极花，也称林奈草、林奈木。

流。为何不说"发现"了自然秩序呢？其实，思想解放一点，从建构论的角度看，"发现"与"发明"是近似的。谦虚点讲，谈发明更合适。

在动物分类方面，林奈分出 6 个纲：四足兽纲、鸟纲、两栖纲、鱼纲、昆虫纲和蠕虫纲。他把人与猿、猴子都划分在一个分类单元中。

林奈的两项重要工作，事后看起来并不复杂，似乎并不需要很强的创造力，进而人们可能觉得他享有过于伟大的名声。这是"马后炮"式的思维。林奈是大自然的立法者，也给博物学、生命科学带来了新秩序。如果说分类当时是植物学、动物学最首要的工作的话，那么能给这些领域带来全球秩序的人，自然是非常了不起的。即使生物科学已进入基因时代，分类仍然是十分重要、基本的。2007 年，在林奈诞生 300 年之际，林奈学会出版了贾维斯（C. Jarvis）写的一部研究专著《从浑沌到秩序：林奈的植物命名及其模式》。

"知识就是力量"，这一名言在博物学界有另一表现：不在于物质力量而在于话语权。借助于分类、命名，林奈获得了人间"亚当"的称号，他也表现得非常自信和自大。后来，瑞典把他塑造成了民族英雄。有人说，林奈在博物学中的地位，好似哥白尼在天文学、伽利略在物理学中的地位，这当然有一定的道理。不过，林奈的工作大量综合了前辈学者的成果，原创性稍逊，这也与博物类科学的特点有关。

可在多个层面上评价林奈的成就。在具体分类方案上，他的许多工作已经被超越，但是他所开创的林奈革命一直在发挥着作用。在今天看起来，林奈革命是一种反实在论的有某种建构论意味的革命。他阐发的人工体系提供了那个时代以及其后相当长时期内博物学家、生命科学家面对生命复杂性时迫切需要的"秩序"，仅仅从某项具体工作的对错之知识层面看是无法理解这种"秩序"的重要性的。林奈提供的秩序表现为给大自然"立法"、给博物学"立法"。当然，这个法不是实在论意义上的，是可以变化的。

1778 年林奈去世后，他的个人收藏却被 24 岁的英国人史密斯（James Edward Smith，1759—1828）以很低的价格 1000 畿尼购得，1784 年 9 月 17 日，一艘"显现"号英国双桅小帆船驶离斯德哥尔摩，几周后到达英格兰。史密斯打开 26 个大箱子，大喜过望，他竟然购得了 19000 份植物标本，3200 份昆虫标本，1500 份贝壳标本，2500 份矿物标本，3000 部图书，林奈的全部通信约 3000 封，以及大量手稿。原来，林奈的遗孀为了给四位女儿置办嫁妆，被迫出售这些遗产。更不可思议的是，英国皇家学会主席班克斯很早就得到了 1000 畿尼的报价，但他没眼光，未能做成这一买卖。对于瑞典人来说，林奈的收藏是无价之宝。在相当长的时间里这一事件令瑞典人耿耿于怀。1788 年林奈学会在英国成立。

1907 年 12 月，在林奈诞辰 200 周年时，鲁迅（署名令飞）在日本东京《河南》月刊著文《人间之历史》，曾写道："林那者，瑞典耆宿也，病其时诸国之治天物者，率以方言命名，繁杂而不可理，则著《天物系统论》，悉名动植以腊丁，立二名法，与以属名与种名二。"这是中文世界早期对林奈的介绍文字（汪振儒，1957：1）。

2.6 布丰：自然百科与进化思想

法国博物学家布丰（Georges Louis Leclerc de Buffon，1707—1788，中文也写作"布封"）与林奈同一年出生，比林奈小几个月，两人是18世纪博物学最杰出的代表，也是竞争对手。两个人有许多共同点，都强调细致观察，都充分利用了博物馆收藏，特别是来自世界各地的新标本，均与世界同行建立了密切的学术交往，都看到了自然世界的秩序和多样性。

林奈出生于瑞典乡村的一个贫苦家庭；而布丰出生于法国勃艮第的一个贵族家庭。林奈笃信宗教，自比亚当；而布丰的宗教情感并不明显，他试图用更世俗的眼光从整体上描述大自然。林奈坚持物种不变的想法，直到晚年才有所松动；而布丰已有较明确的物种演化的思想。另外，两人的研究、写作、行事风格也各不相同：林奈的著作学术性较强，形式呆板，以列表和枯燥的物种描述为主，主要用拉丁文写作；布丰的著作则文学性较强，语言优美，主要用法文写作。林奈只研究博物学，擅长植物学；而布丰对数理科学也很熟悉，曾向法国人大量介绍英国的数理科学进展，擅长地质学、生物地理学和动物学。布丰曾将微积分引入概率论，概率论中的"布丰投针"就是以他的名字命名的。1734年布丰以力学部成员的身份进入法国科学院。1753年他被选为法兰西学院院士。

布丰年轻时因与他人决斗而到了英国。

布丰曾参与一项与造船有关的林业项目研究，做得很出色。在海军大臣的推荐下，法国国王路易十五于 1739 年 7 月 26 日任命布丰为皇家植物园（Jardin du Roi，后改称 Jardin des Plantes）园长，此园的地位相当于英格兰伦敦皇家植物园邱园（Kew Gardens）。这一职位极有助于他从事博物学研究和写作。在他的努力下，皇家植物园规模翻倍，藏品大量增加，并成为那时世界上最好的生物研究机构。布丰的直接工作就是将国王与日俱增的博物学藏品编目，但他不满足于单纯的列表，他要实施一个巨大的写作计划。他打算用 10 年时间描写所有生物和矿物。实际上他大大低估了工作量。他用了余生的 50 年来实施这一计划。

布丰以优美文笔写成的《广义和狭义博物学》（简称《博物学》）36 卷出版于 1749—1788 年，这是一部伟大的自然世界百科全书。此书原计划囊括"自然三界"：植物、动物和矿物，最终只写了人、矿物、四足兽类和鸟类。在他去世后，一个专业小组工作了二十多年才完成剩余主题的写作。布丰编写这部巨著主要借鉴了亚里士多德的《动物志》和老普林尼的《博物志》，他反而不喜欢中世纪和文艺复兴时期博物学的做法。布丰力图回避那些作品中过分的象征和宗教风格。亚里士多德的《动物志》建立在大量观察和比较的基础之上，除了描述之外还试图建构出一般图景，这正是布丰所看重的。从老普林尼那里，布丰借鉴了"界面友好"的写作形式，不过他跟老普林尼一样容忍了一些不靠谱的传说故事。布丰的《博物学》在发行、传播上取得了巨大成功，他与孟德斯鸠、卢梭、伏尔泰一样，成了最受欢迎的作家。布丰的作品摆到了几乎所有受过良好教育的文化人家里，《博物学》是

布丰画像

博物学史上最成功的作品。

《博物学》出版后不久，就引起教会保守人士的不满。布丰的自然图景，为当时的读者提供了不同于《圣经·创世记》的、更有吸引力的"世俗版创世记"。他认为自然是自己的原因，在自然之上没有更高层的存在。《博物学》的所有描述均不求助于《圣经》和超自然力。当然，在那个时代，布丰不可能事事研究得很清楚。他的科学界同行在批评其"写作中有许多是推测性的"同时，也佩服他的大胆。布丰于 1749 年开始出版《博物学》，在此前一年孟德斯鸠出版了《论法的精神》。狄德罗和达朗贝尔于 1751—1772 年主编出版了著名的《百科全书》。这些人文的、世俗的法国启蒙运动影响了整个欧洲和世界。布丰在政治、宗教、管理上都显得很老练。1751 年巴黎大学神学院曾警告布丰其《博物学》违背宗教教义，布丰在巨大压力下表现得很合作，公开表示放弃自己的观点。实际上，他只是做个姿态，在后来的写作中，他依然我行我素。

布丰也有一些今天看起来颇奇怪的想法，比如，他认为美洲新大陆在许多方面不如欧洲旧大陆，甚至美洲的动物都比欧洲的同类长得小，他把这种劣势归因于新大陆的蛮荒和森林过密。杰斐逊（Thomas Jefferson，1743—1826）为此深受刺激，调集 20 名士兵非要找到大型动物以教训布丰不可。布丰最终承认了自己的错误。

鸟类学家、进化思想家迈尔（Ernst Mayr，1904—2005）认为，布丰还算不上进化论学者，但可以算作进化主义者。布丰提出了与进化有关的一系列问题，而以前人们并没有做到这一点。达尔文在《物种起源》的第 4 版才开始提到布丰的进化思想，在第 5 版中指出"布丰是近代以科学精神处理进化问题的第一位作家"。

林奈与布丰的工作实际上是互补的，两人应当成为合作伙伴，他们的工作合在一起在 18 世纪下半叶奠定了博物学这门学科的科学基础。但事实上两人彼此不认同。林奈认为布丰花哨的描写远离了严肃的自然知识，而布丰认为林奈的分类系统只不过是略有信息的令人生厌的列表而已。两人都在揭示大自然的秩序，但两人对秩序的理解有所不同。林奈认为命名和分类至关重要，编写生命的目录就等于阐述上帝之神圣作品。林奈的做法有自然神学的味道，这种思路一直延续到 19 世纪。布丰则更具有后来科学家的思想，他的视野更为宏大，也更远离宗教，他试图从天文、地质、地理、动物、植物、矿物及其变化来寻找世界演化的机理。布丰认为生命世界与物理世界一样，应当遵从自然规律。其视野比后来达尔文的视野还广，虽然深度不够。

2.7 卢梭与《植物学通信》

我阅读卢梭（Jean-Jacques Rousseau，1712—1778），时间跨度很大。首次接触这位复杂人物是在北京大学地质系本科二年级，大约是 1985 年。那时"三角地"的书店每天都会运来一些新书，虽然手头并不宽裕，但买书还是经常的事。那时购买了《忏悔录》上下两册，一周多才读完，深受震动。书还可以这样写？人的心灵竟然如此复杂？大约两年后，在本科快毕业时，又读了《社会契约论》。回想起来，应当算是没读懂，因为当时对政治史完全没有概念。

同样的事情发生于库恩的《科学革命的结构》。这部小册子早先读过两遍，一次是本科结束前，一次是读硕士之时，没觉得它如何"革命"，或者如何"反动"。倒觉得用"量变"加"质变"，就可以完全概括库恩的思想。直到我博士毕业，教了几年书，系统阅读了

卢俊画像

库恩之前的科学哲学发展史，再读《科学革命的结构》，才觉察到微妙之处，才感受到它是如何的激进。特别是我接触到科学知识社会学（SSK）之后，仿佛才理解了库恩。这就是真的库恩吗？也不一定，但这已经不重要了。

许多年以后，通过植物学、博物学我再次追索到卢梭。一开始我甚至怀疑，还是那个卢梭吗？偶然间，我发现卢梭特别喜欢植物，还留下了许多关于植物的描述。先是读容易找到的卢梭的《孤独漫步者的遐想》，果然卢梭在大谈植物学。然后重读《忏悔录》和特鲁松的《卢梭传》，发现了从前完全没有在意的方面：他竟然曾经想成为一名植物学家。植物学对于卢梭有"精神治疗"的含义，观赏植物、研究植物有助于抑制他的神经质。植物、植物学让他心境平和，孩子气十足，从而忘却生活中的那些不快和恶人。

至此，我也只是在个体的意义上理解卢梭对于植物的"关怀"。直到有一天我通过馆际互借读了曲爱丽（Gail Alexandra Cook）的博士论文《卢梭的"道德植物学"：卢梭植物学作品中的自然、科学和政治》（1994），思路才算打开，有一种豁然开朗的感觉。前现代、现代和后现代突然经卢梭一个人而迅速串连起来，在他身上，这三个阶段都有表现。卢梭一直在鼓吹"自然状态"，通过政治哲学又提出了"公民状态"，但他对即将到来的全面现代化进程又表现了深深的不满，因而提出了许多后现代学者才有的社会批判。他与其他启蒙思想家保持了相当的距离，多出了一个反思的维度。为了印证这一感觉，便找来涂尔干的《孟德斯鸠与卢梭》。这位社会学大师把卢梭的政治哲学的逻辑讲得比较清晰。

20世纪90年代，国内找不到卢梭的植物学作品，有一天我实在忍不住，托人在美国购买了他的《植物通信及植物学术语词典笔记》英译本。这部书相当精美，有漂亮的彩色插图。我一直想，也许有一天我会把它译成中文，但总是抽不出时间。最后让我的学生熊姣全文翻译。此书2011年初由北京大学出版社正式出版。这大概是中文世界第一次译出卢梭的植物学著作。出版后颇受读者欢迎，不久就重印了。

2007年11月17日，在第一届全国科学传播与科学教育会议上，我没有讲我擅长的"科学传播的模型",专门谈了卢梭对植物学的研究与传播,听众表现出极大的热情。

我曾跟一位法国文学专家聊起卢梭,问他国内为何不把他的植物学作品翻译成中文。他说不知道卢梭与植物学的关系。另外,他觉得卢梭这个人在性情、人格上都有点"那个",用东北话说"太矫情"。不错,我同意卢梭这个人太敏感,但依然认为对这个人物的自然观、发展观、科学观应当做细致的工作。在这样一个快速"变态发展"的世界上,有哪位善良的人内心能够永远保持平静,又有哪位不曾设想通过某种办法寻求平衡呢?

卢梭为自己开了一剂"药方"(植物博物学),我试过,很好。与我的专业科学哲学、科学史、科学社会学相结合,我愿意顺此思路,尝试描绘更广泛的博物学的历史。于是福柯开始进入我的视线。当我带着这样的眼光重新来看科学史研究时,发现欧洲的许多学者已经在这样做了。

卢梭实际上是科学传播的先驱。他是博物学家、植物学家、科学传播家,甚至是一名出色的"科学元勘"(science studies)学者。

卢梭是启蒙思想家,但他与其他人不同,他甚至超越了那个时代。他反对科学主义,在环境伦理学方面他在某种程度上达到了20世纪非人类中心论的思想水平。他并不盲目地相信理性、逻辑、科学、文明。

如何看待自然、环境伦理、理想中的科学、科技的滥用、启蒙的局限性?针对这些问题,卢梭都给出了自己的超越时代的看法。

卢梭的"自然"观念,是他所有学问(如政治学、教育学、伦理学）的基石。而理解他的自然观念，离不开他对植物的看法！

他是如何与植物学相遇的？有一位引路人！

"她（华伦夫人，卢梭终生的情人）拿着我在路上给她采集的花束向我讲起关于花的构造的许多知识，这使我感到十分有趣，按理说，这本可以引起我对植物学的爱好，但是时间不凑巧，当时我研究的东西太多了。而且，一种使我百感交集的思想把我的心思从花草上转移开了。"（卢梭，1986: 304）

"在路上，她看见篱笆里面有一个蓝色的东西，就对我说：'瞧！长春花还开着呢！'我从来没有见过长春花，当时也没有弯下腰去看它，而我的眼睛又太近视，站着是不能辨认地上的花草的。对于那棵花，我当时只是漫不经心地瞥了它一眼，从那以后，差不多三十年过去了，我既没有再遇见这种花，也不曾注意到这种花。1764 年，……我一面往上走，一面不时地朝树丛里看看，我突然间高兴地叫了一声：'啊！长春花！'事实上，也真是长春花。贝鲁看出我非常激动，但是不知道是什么原因。我希望他以后有一天读到这段文字就能明白。"（卢梭，1986: 281）

卢梭用了约 15 年（大约从 50 到 66 岁）研究并传播植物学，为后人留下了宝贵的遗产：博物学（包括生态学、环境伦理学）思想和一系列普及性的植物学作品。受卢梭的影响，歌德从 30 多岁开始研究植物学，长达 50 年，并写出了《植物的变形》这样的名著。

年轻时卢梭"仅有的一个最忠实的朋友"就是懂得一些草药学的阿奈（Claude Anet，1697—1734）。"如果这个计划实现了，我一定会

投身到植物学上去，因为我生来就象要干这门学科的，但一个意外的打击使这个计划落了空。"（指阿奈得病，很早就去世了）

不过，卢梭在晚年（65 岁）依然把植物学与哲学、政治学、休闲学结合在一起，对植物科学和人生境界进行了可贵的探索。"这种狂热却又在我身上萌发了，那股劲头比第一次还要大。"（卢梭，2006: 76）

他曾经购买了昂贵的植物学图书，向植物学家讨教并纠正植物学家的错误，到野外细心观察植物，撰写植物术语词典，采集并向朋友赠送大量植物标本，借助通信普及传播植物学知识等等。

卢梭选择的为什么是植物学，而不是动物学、矿物学、天文学？理由并不复杂。矿物深藏地下。挖矿冒险，而且不能在阳光下生活。卢梭看不起矿物收藏者。若真要研究矿物，需要物理、化学知识，要做实验，而他那时做不了。"那些最平庸的化学家，哪一个不是凭着也许偶然发现的一些不起眼的化学组合，就自以为洞察了大自然的全部伟大奥秘呢？"至于动物学，要研究，需要解剖、肢解尸体，卢梭不喜欢。研究满天的星斗不是也不错吗？卢梭说星星太远，研究它们需要仪器，需要"很长很长的梯子！"植物最适合卢梭。植物学有助于培养对大自然的感受力、敏感性。

"我被身边这些令人愉快的事物吸引了，我对它们仔细观察、慢慢思考、一一比较，终于学会了把它们分类。就这样，我自然也成了植物学家，成了研究大自然的植物学家，其目的只是为了不断找出热爱大自然的新理由。"（卢梭，2006: 84）

"植物学是悠闲懒散的孤独者的专业：一把小刀和一个放大镜便是

他观察植物所需的全部工具。他慢慢溜达，随意从一个目标转向另一个目标；他兴致勃勃地、好奇地观察每一朵花，一旦领悟到花朵的构造规律，他就能毫不费劲地品尝到观察的乐趣，跟以付出高昂代价才取得的乐趣相比，绝不逊色。这种悠闲的工作自有一种魅力，惟有激情完全平息的人才能感受到，只要有了这种魅力，就足以使生活变得甜蜜了。"（卢梭，2006: 85）

研究植物为了什么？这是一个当今许多学者忘记思考的问题。卢梭的回答可能不受欢迎，但的确值得人们重视："我们只把植物看成是满足我们欲望的工具，我们在研究中就再也得不到任何真正的乐趣，我们就不再想求知而只想为了卖弄知识，这时候，身在树林却俨然站在世俗的舞台上，我们一心想着如何博得他人的赞赏；要么就是局限在研究室、至多不会超出花园范围的植物里面，我们不到大自然去观察树木花草，而只关心体系和方法。"（卢梭，2006: 86）

卢梭反对单纯功利地理解植物学，反对草药学。"德奥夫拉斯特（Théophraste）的看法就不同，这位哲学家称得上是古代惟一的植物学家，正因为如此，他几乎不为我们所了解；然而靠了那位名叫狄奥斯克里德（Dioscoride）的药方编纂名家以及他后世的阐释者们，医学牢牢把持了整个植物界，植物都精简成了药草，人们从中只看到肉眼根本看不到的东西，也就是张三李四任意赋予它们的所谓药性。人们不能设想植物组织的本身就值得我们注意；那些一辈子摆弄瓶瓶罐罐的学究瞧不起植物学，照他们的说法，如果不研究植物的效用，那么植物学就是一门没有用处的学科，也就是说，如果你不放弃对自然的观察，不一心一意地相信人类的权威，那就毫无用处。其实，大自然从来不骗人，也从没有讲过那样的话，而这些话往往又建立在别的权威之上。你要是在一块色彩缤纷的草地上停下来，细细观察灿烂的花朵，看到你的人准会把你当成见习医生，向你讨草药去治孩子的疥癣、成人的疥疮或马的鼻疽呢。"（卢梭，2006：79—80）

"多亏了林奈，他把植物学从药物学派中分离出来，让它重新回到博物学之中，恢复其经济用途。……我仔细观察田野、果园、树林以及其中众多的植物的时候，经常这么想，植物界真是大自然赠给人类和动物的粮食仓库啊。但我从来没有想过要在这里找什么药品。……我在林中高高兴兴地漫步时，如果非要我去想什么发烧、结石、痛风，或是癫痫之类的疾病，那简直败兴透了。"（卢梭，2006: 80）

卢梭并非反对一切"利用"，他只是个温和的功利主义者罢了，他接近于持有大自然具有"内在价值"的立场。他是针对现实世界中人们过分的功利考虑而表达一种"极端"看法的。卢梭如果生在 20 世纪或 21 世纪，他更会坚持自己的说法。

卢梭对科学的态度也颇值得玩味。首先他不是反一切科学，他自己强调、追求某种纯科学。1765 年 9 月 12 日卢梭抵达圣皮埃尔岛。"在我住过的所有地方中，只有比埃纳湖中的圣皮埃尔岛最能使我感到一种真正的幸福，并给我留下了温馨异常的眷恋之情。"（卢梭，2006: 53）"我的屋子里没有这些讨厌的废纸和旧书本，而是堆满了花花草草；因为那时候我刚刚迷上植物学，这种爱好还是狄维尔诺瓦博士（医生、植物学家，他向卢梭传授了植物学基础知识）启发的，不久成为一种嗜好。……我着手编《圣皮埃尔岛植物志》，想写尽岛上所有的植物，不能有丝毫疏漏，而且要足够详细，这样才能打发我的余生。"（卢梭，2006: 56）不过，卢梭也绝不是完全拥护一切科学，他与当时的百科全书派保持着一定的距离。

卢梭是植物"民科"，但也不尽然。他与当时著名植物学家林奈、裕苏有交往，讨论的是真正的植物学。卢梭留下的最重要的博物学著作是 8 封植物学通信。卢梭的植物学信件很早就在学术沙龙中流传，但直到 1781 年在日内瓦才正式出版与公众见面，当即引起剑桥大学植物学教授马丁的关注。马丁 1785 年推出英译本，在英语世界影响巨大，许多社会名流是通过卢梭的这部书而了解植物学的。8 封植物学通信名义上是写给一个 5 岁小女孩的，不过还要补充一句：是通过她的母亲，卢梭的一位朋友。卢梭的女粉丝多极了，在 19 世纪有无数女性因喜欢卢梭而看他的植物学通信，从而进入植物学王国，甚至义无反顾地走上植物学传播的道路。

在第一封信中卢梭说："你想引导令爱活泼可爱的心灵，并教她观察像植物这样宜人且多变的事物，这种想法在我看来是极好的；我本来不敢提此建议，因为唯恐惹上'若斯先生'（莫里哀《爱情灵药》中的一个人物，他建议顾客购买珠宝，而他本人是珠宝商。相当于中国人讲的"王婆卖瓜"）之嫌，但既然你提出了，我自然全心赞成，而且会竭诚提供帮助。因为我相信，不管对哪个年龄段的人来说，探究自然奥秘都能使人避免沉迷于肤浅的娱乐，并平息激情引起的骚动，用一种最值得灵魂沉思的对象来充实灵魂，给灵魂提供一种有益的养

料。"（卢梭，2011: 17）

这段话后面几句，甚合我心。博物学追求的就是这种东西，卢梭早就讲到了。我尝试过，实践了十几年，我只能颠倒时间顺序，默默地对自己说："识我者卢梭也！"

如何起步呢？这是许多人关心的。别急，卢梭接下来写道："你已从周围所有常见植物的名字入手来开始对令爱进行教育，这正是你所应当做的。"

"多识鸟兽草木之名"是修炼博物学的重要途径，孔子和卢梭给出了相同的建议。

2.8 达尔文"上船"：博物学冲浪

本来不想在本书中介绍复杂的达尔文（Charles Robert Darwin，1809—1882）。他太有名了，被误解得太深了。然而又因他是名气最大的博物学家，在"博物人生"的话题下缺了他，实在不成体统。

到了 19 世纪，西方的博物学进入黄金时代。一大批博物学家对大自然进行了范围十分广泛的探险、描述，积累了大量经验素材。到了达尔文的生物进化论，博物学进路所取得的成就达到了一个重要顶峰。达尔文的博物学（进化论是其中的一部分）改变了现代人的世界观和处世原则，我个人觉得他对当代世界的实际影响要远大于其他科学家。伽利略、笛卡儿、牛顿、麦克斯韦、爱因斯坦、爱迪生、奥本海默等等可能都望尘莫及。或者这样说，所有这些科学家都为今天盛行的"现代性"作出了实质贡献，而达尔文似乎最贴近群众，百姓似乎天生就能"理解"他的"简单"理论。进化论的导向是那样强烈，对普通百姓的暗示，就像对科学家、对政治家的启示一样"明白无误"（其实相当多是误解、误导），他的科学"成为维多利亚时代后期自由主义的精神支柱"。然而，这里潜藏着危险。

在学术界，"达尔文"始终是个麻烦，当然也就成了学术研究的"富矿区"，达尔文成为一项"产业"。关于达尔文的学说本身，进化论的社会、文化、政治含义，从来就没有停止过争论。不同时期争论的焦点在变换着，有些问题解决了，新的问题又冒了出来。2009年是达尔文诞辰200周年、《物种起源》发表150周年的特殊年份，全球居民借机思考一下达尔文的遗产，非常有意义。

达尔文一生的转折点是1831年上了"小猎犬号"（即"贝格尔号"），随后他在"大自然的神殿"中进行了五年零两天的全球博物之旅。上船前，达尔文是个"草鞋没号"的毛头小伙子，下船时，他已经是大英帝国的知名科学家了。

实际上，达尔文上船十分偶然，是经过师长的好心推荐才以一个特殊的身份上船的。注意，他并不是以官方博物学家的身份上船的，准确地说是个"民科"、半调子博物学家。当时上船的唯一称职的博物学家是麦考密克（当时32岁），此人经历丰富，但出身卑微，只列在仆役级别。达尔文出身名门望族，属于绅士阶级。虽然当时学问一般般，却可以同船长同桌就餐、闲聊。事实上，为达尔文（当时23岁）设

手棒兰花的达尔文与妹妹凯瑟琳，1816 年，油画。

计的身份，就是上船给海军部门的船长菲茨罗伊（当时 26 岁）当"餐伴"，因为船长长年远航不免寂寞、消沉，此前已有一位船长自杀。什么是"餐伴"？大约相当于"陪聊""伴游"吧！因此，是不是科学家、博物学家并不重要，而是要身份对等，能够说得上话。"只要对方是位绅士、文雅、有教养，即使是辉格党也行。"船长菲茨罗伊是托利党人。能唠嗑就行，党派分歧是次要的。

"小猎犬号"的出航满载着帝国的商业、政治使命，主要不是出于自然科学的考虑。"小猎犬号"属于皇家海军，要到南美洲海域进行细致勘测。"如果英国商人要击败来自西班牙和美国的竞争对手，他们的船只就需要轻松进入南美洲港口。因此必须绘制岛屿和海岸线的地图，测量港口和海峡的深度。"（戴斯蒙德、穆尔，2009: 81）在此之前这项工作已开展了五年，并且收获颇丰。

达尔文上"小猎犬号"，属于借光搞科研。搞什么科研呢？做他自己喜欢的博物学收集和研究工作。原计划搭船进行两年的南美考察，结果却成了五年的全球考察。

达尔文的机会来之不易。这要感谢他之前广泛结交的博物学家朋友，如科德斯特里姆、格兰特、福克斯、杰宁斯、亨斯洛、塞奇威克等。其中，能够上"小猎犬号"，身为植物学教授的亨斯洛出力最大。因为亨斯洛的大力推荐，才成就了世界级科学家达尔文这样一个伟人。

当初，达尔文根本不是第一人选，虽然那个岗位只是个"陪聊"。第一人选是杰宁斯，但他因教区的工作而谢绝了。亨斯洛本人倒是想去，但终因家里事情太多太复杂脱不开身而退缩了。不过，亨斯洛最终成了达尔文的坚强后盾，负责接收、保管达尔文从千里之外寄回的成箱标本。达尔文甚至也不是第三个候选人，菲茨罗伊已经把位置许诺给一个朋友了，只能等到他朋友不去了，才轮得到达尔文。好在经过痛苦的等待，达尔文还算运气，船长的那位朋友谢绝了邀请。这样达尔文才得以上船。

达尔文的上船有象征意义，正是这次上船，他找到了"最后的解脱"，结束了青春期的持续迷茫，完成了人生的皈依。

正是这次上船，他找到了并确定了一生将要从事的事业：博物学研究。相当程度上达尔文继承了他爷爷的天赋。

话说回来，并不是上了船日后就能成为伟大的进化论学者。达尔文此前已经锁定了爱好，目光已经聚焦于大自然。数学、医学、神学都不合达尔文的胃口，但他对昆虫、植物、地质，却表现出相当的兴趣和天赋。达尔文在此之前对昆虫和海洋生物已有一定研究，学会了鸟类标本制作，还被选作普林尼学会理事。这些准备是相当必要的，上船后，达尔文到达各地，都能独立开展工作，人们也尊称他"哲学家""博物学家"。

研究达尔文的学者能装满一火车，我最欣赏的却是诗人曼德尔施塔姆（Óсип Мандельштáм，1891—1938）对他寥寥数语的评论："他并非单干。他有大量的撰稿人——散布在联合王国的每个国家、殖民地和领地，遍及世界各国。……英国商船的商旗飘扬在他的著作的书页上。"（曼德尔施塔姆，2010：261）达尔文的博物学是他个人的事业，也是大英帝国的事业。

毛茛科短尾铁线莲的叶柄缠绕。摄于北京昌平。

还是这位诗人，注意到了达尔文著作的文风："他有一股强烈的愿望，要让具有中学教育的资产阶级，要让他认为自己也是其中一员的普通绅士看得懂。难怪这位他那个时代最博学的人站在学术等级制头顶向广大读者直接讲话。直接向公众讲话对他来说是很重要的。而公众也确实比学者式空谈更理解达尔文。他给他的读者带来某种实际的东西，与他们的安乐感有着惊人的一致性；他满足了一种社会需求。"（曼德尔施塔姆，2010: 264—265）

达尔文"满足了一种社会需求"，实在精辟。准确讲，不是一种社会需求，而是多种异质的社会需求。虽然异质，却又同处于"现代性"大潮。它们包括了英国绅士的职业兴趣、宗教变革的愿望，还有资本主义激烈竞争和全球扩张的伦理论证。

在 20 世纪，相比于前一个世纪，人们对博物学的热情并没有继续增加；相反，到 20 世纪下半叶博物学衰落了。不过，20 世纪仍然有杰出的博物学家，如 E. 迈尔、S.J. 古尔德、E.O. 威尔逊。也许这并不是坏事，风风火火不应是博物学的常态，它要回复到过去，要走向民间。

本章本该止于卢梭《植物学通信》的纯真，却不幸结束于进化论的纷争和博物学的衰落。不过，今天倡导博物，首先要直面这种不幸，克服这种不幸。

百合科绵枣儿。摄于北京延庆。

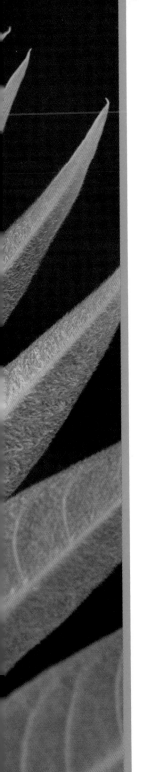

第三章

《诗经》与博物之兴

多识于鸟兽草木之名。

——孔子

不经管农场的人，在神志上可能面临两个危险。其一是以为早餐来自商铺，其二是以为热能来自火炉。

——利奥波德（Aldo Leopold，1887—1948）

人说瞿麦开又落 / 我结下标识的原野 / 花儿不会这样。

——《万叶集》之《大伴家持赠纪女郎歌一首》

中国古人的学问如何？笼统而乐观的回答是：博大精深。问题是中国古人的学问有什么特点？那些学问与我们现在小学、中学、大学所传习的知识有何区别？除了语文课、历史课以外，其他课程为何基本不提中国古代呢？中国古代有科学吗？

英国学者李约瑟著有多卷本 Science and Civilisation in China，直译是《中国的科学与文明》，但现在通常简译作《中国科学技术史》。李约瑟曾说："西方人应当意识到，在中国人看来，科学并不是出于基督教传教士的慷慨恩赐，并不是在中国自己的文化里毫无根基的。相反，科学在中国文化中有光辉灿烂而深厚的根基。"（转引自罗南，2010，卷首引语，略有修改）

说到中国古代科技，由于长期片面宣传的结果，人们容易想到勾股定理、圆周率、杠杆原理、小孔成像。还有"四大发明"。其实，"四大发明"是洋人站在他们的立场上给出的提法，它们对中国人虽然也重要，但远不如对洋人重要。中国古人发明火药主要用于焰火表演，而非军事攻击。

如果双方对比，要突出祖上的荣光，自然应当是扬长避短，以己之长与对方相比。可是，长期以来，我们太习惯于以近代西方为参照，李约瑟在某种程度上也是如此，而忽视了文明生长的巨大差异性。出于变形的爱国主义、民族主义等心理考虑，拿挖掘出来的点滴数理科学成果，与人家庞大、严密的体系相比，强调我们在若干知识点上先行许多年，最终只能自取其辱。

坦率地说，中国古代的数理科学，并非我们的强项，而博物科学

温维世先生为本书作者所治的一枚印章"多识于鸟兽草木之名"。

却非常发达。中国古代的农学、中医药学、园艺、厨艺，的确是非常伟大的。与同期的外国相比，我们在这些方面确实系统性地领先。其实比这个并非很重要，重要的是，我们要意识到中华文明的延续不断，与这类成就密切相关。李约瑟讲"科学在中国文化中有光辉灿烂而深厚的根基"，恐怕要从这个角度看。李约瑟的书名讲 Science 和 Civilisation 是非常恰当的，科学属于文明，而非独立或者凌驾于文明之上；文明有着多样性，历史上有着不同的文明。中华文明是古老文明中的一支，虽然不算最古老的，但已经足够了不起，在一百多年前，它一直传承得非常好。今天大家有责任把这薪火继续传递下去。

《诗经》在中华文明中占据着特殊的地位，与教育、科技也有着重要的相关性。下面以诗经为例，简要谈谈中国人在生活世界中对自然事物的认识，以及所达到的精神境界。

3.1 孔子与《诗经》

《诗经》是古代一部诗歌汇集，原来一共多少篇，谁也不清楚，有说 3000 多篇的，反正不会太少。

《诗经》也称毛诗，为何称毛诗？相传，在汉代，传习诗经者有四大家：鲁、齐、韩、毛。分别称鲁诗、齐诗、韩诗、毛诗。前三家传今文经，毛家传古文经，用籀（zhòu）文，即大篆。具体讲，毛指毛亨和毛苌。毛亨为河间献王博士。多个学派最后只剩下毛诗一派。山东画报社出版过《毛诗品物图考》，某种意义上是一部配图的诗经。《诗经》现存 305 篇，涉及植物 143 种，动物 109 种（汪子春，2010: 12）。

孔子删诗说来源于司马迁的《史记》，也有人不认同。《史记·孔子世家》还说："孔子皆弦歌之，以求合韶、武、雅、颂之音。"第一，孔子对大量民歌进行了删定，去掉重复及他认为不太好的部分，只留下 300 多篇，我们现在看到的是删节本。又有人说，孔子见到的诗和现在我们见到的一样，都是 305 篇。据《左传》透露的一则消息推算，鲁国乐师为孔子演奏《诗经》的部分篇章时，那时候的《诗经》与现在的大体相同，而那年孔子只有 8 岁！小小年纪，如何可能删诗呢？不过这并不能排除孔子后来对《诗经》做过一定的加工，更不能排除之前的某个人或某些人做过更多、更大胆的删节工作。汇编与删节，估计是相当长时期内反复进行的工作，具体谁做了什么工作，现在较难考证了。第二，那时候的《诗经》不但能读，还能唱，与后来的宋词一般。现在宋词我们不会唱了（还保留一些词谱），《诗经》更不会唱了。

《诗经》之诗大部分是民歌。看一看、听一听如今的《沙枣花儿香》《达阪城的姑娘》《好一朵美丽的茉莉花》，就能体会诗经如何来源于民间，然后走向社会的各个部分，特别是教育系统。这三首非常优美而有地方特色的歌曲前两者为王洛宾创作，后者为何仿创作，其实都有原型，都来自民间，并非完全无中生有。幸运的是，我们今天还记得王洛宾、何仿所做的重要工作，而对于久远的《诗经》，类似的工作是谁做的，已经不知道了，想必他们也是一些有心人、文化人，一些懂得民间、关注民俗的专业或准专业人士。

孔子（姑且全算在他老人家头上，或以他为代表）所做的工作，可能是较高阶的，是在他人初步收集、编撰基础上的再加工。如果孔子删诗说成立，对他的做法也要一分为二来评价：一方面他可能有意排斥了一些作品，他过滤掉的东西可能是有趣的、有价值的，对于我们后人理解先民的生活有帮助。这是不好的方面。另一方面，孔子有巨大的影响力和独特的鉴赏力，他的删定，有助于诗经的最后成型和传播。

儒家在中国古代诸子百家中影响最大，其经典"四书"包括《大学》《中庸》《论语》《孟子》，"五经"包括《诗经》《尚书》《礼记》《周易》《春秋》。《诗经》在五经中排在最前列，算五经之首。

《大学》《中庸》《孟子》经常引用《诗经》中的句子，比如：

《大学》和《孟子》中"周虽旧邦，其命维新"，引自《诗经·大雅·文王》。

沙枣，胡颓子科植物。2008 年 8 月 1 日摄于甘肃嘉峪关。

《大学》中"邦畿千里，惟民所止"，引自《诗经·商颂·玄鸟》。

《大学》中"桃之夭夭，其叶蓁蓁。之子于归，宜其家人"，引自《诗经·周南·桃夭》。

《大学》中"节彼南山，维石岩岩；赫赫师尹，民具尔瞻"，引自《诗经·小雅·节南山》。

《中庸》中"鸢飞戾天，鱼跃于渊"，引自《诗经·大雅·旱麓》。

《中庸》中"妻子好合，如鼓瑟琴。兄弟既翕，和乐且耽"，引自《诗经·小雅·棠棣》。

《中庸》中"神之格思，不可度思，矧可射思"，引自《诗经·大雅·抑》。

《中庸》中"维天之命，于穆不已"，引自《诗经·周颂·维天之命》。

《孟子》中"畏天之威，于时保之"，引自《诗经·周颂·我将》。

《孟子》中"他人有心，余忖度之"，引自《诗经·小雅·巧言》。

《孟子》中"永言配命，自求多福"，引自《诗经·大雅·文王》。

孔子非常推崇《诗经》，曾对伯鱼说："汝为周南、召南矣乎？人而不为周南、召南，其犹正墙面而立也与！"（《论语·阳货》）大意是，"你学过《诗经》中的《周南》和《召南》诗篇吗？一个人如果不学这些优美诗歌，就像面对墙壁而立，既看不见什么，也走不通一步。"（毛子水，2009：293）

孔子还说："诗三百，一言以蔽之，曰：思无邪！"（《论语·为政》）这一评价看似不高，但确立了《诗经》政治上正确的地位。孔子的意思是：对于《诗经》，可用其中《鲁颂》里的一句话来概括"思无邪"。"思无邪"即用心不违于正途、没有邪念，其中"思"为语助词，没有意义。经过这一番审定，《诗经》之诗虽然大部分来自于民间，有许多还十分朴素，但是它们是"正"的、"雅"的。"大成至圣先师"孔子整体上这么说了，其他学者虽然对个别诗篇有疑义，也不敢明说。

在此补充一则故事。我小学一进校门就赶上"批林批孔"运动，那时候称孔子为"孔老二"。北京大学 1970 级工农兵学员"下定决心在孔学的'圣经'——《论语》头上开刀"，编写了一部《论语批注》（中华书局，1974 年，521 页，定价 1 元），曾写下这样的注释："孔老二把'思无邪'解释为'思想不邪恶'，即不违背周礼，并用以概括全部《诗经》的内容，这不仅是断章取义，而且是肆意篡改。"（北京大学 1970 级工农兵学员，1974：23）在批判一节中是这样说的："'思无邪'是孔丘从《诗经》中歪曲地抽出来的，是他篡改《诗经》的指导原则。《论语》中解释《诗经》的话，都是按照'思无邪'这个反动原则炮制出来的。"那个否定一切传统的时代已经过去了，我们今天倒是可以从反面来理解上述"批注"。北大写校史和校庆时几乎不讲"文革"那段奇特的历史，好像与己无关一样。作为北大校友和哲学系现任教师，在这里我有意提醒读者注意。

坦率地说，孔子的"评语"切合实际、符合情理，现存的 305 篇《诗经》作品，的确非常优秀，生动记述了先民的生产、生活，特别是其中的"国风"。

作为教育家的孔子强调"诗教"，即以《诗经》之诗来教化弟子、百姓。

> 子曰："小子何莫学夫《诗》?《诗》可以兴,可以观,可以群,可以怨;迩之事父,远之事君;多识于鸟、兽、草、木之名。"(《论语·阳货》)

翻译成现在的语言,大意是:"同学们,为什么不传唱、研习《诗经》呢?《诗经》可是好东西,学好《诗经》,可以触景生情,可以静观世事起承,可以学得如何与他人相处,可以找到更好的办法表达喜怒哀乐。往近里说,学好《诗经》可以懂得如何侍奉父母,往远了讲,可以学会如何侍奉国君。诵读《诗经》,最起码,也可以多知道一些草木鸟兽的名字啊!"

瞧,读诗的作用真是不小、不少,不亚于"唱红歌"。现在,生活在现代性列车上的我们,还读诗歌、读《诗经》吗?

"多识于鸟、兽、草、木之名"一句虽然写在最后,但它反而是最基本的,是入场券。不知其中的鸟兽草木之名,算不上读懂了《诗经》。

3.2《红楼梦》与《通志》

孔子诗教思想非常重要,但在儒学教育的具体操作上,会有一些变化。就像现在强调素质教育、博雅教育,层层有歪嘴和尚反复唠叨,到头来也可能变味。

《红楼梦》中的贾政（即假正经），轻视正宗的孔门教课书《诗经》和诗教思想，认为它不重要，在教育孩子时，强调对于科举考试更为重要的敲门砖"四书"，要求死记硬背下来（参见第九回和第十七回），或许"急功近利办教育"，从那时就开始了！

> 贾政因问："跟宝玉的是谁？"只听外面答应了两声，早进来三四个大汉，打千儿请安。贾政看时，认得是宝玉的奶母之子，名唤李贵。因向他道："你们成日家跟他上学，他到底念了些什么书！倒念了些流言混语在肚子里，学了些精致的淘气。等我闲一闲，先揭了你的皮，再和那不长进的算账！"吓的李贵忙双膝跪下，摘了帽子，碰头有声，连连答应"是"，又回说："哥儿已念到第三本《诗经》，什么'呦呦鹿鸣，荷叶浮萍'，小的不敢撒谎。"说的满座哄然大笑起来。贾政也撑不住笑了。因说道："那怕再念三十本《诗经》，也都是掩耳偷铃，哄人而已。你去请学里太爷的安，就说我说了：什么《诗经》古文，一概不用虚应故事，只是先把《四书》一气讲明背熟，是最要紧的。"李贵忙答应"是"，见贾政无话，方退出去。（曹雪芹、高鹗，1996：81—82）

李贵显然学得不用心，"急中生智"，闹出笑话来。比如"第三本诗经""荷叶浮萍"之类。实际上应当是"呦呦鹿鸣，食野之苹"（《诗经·小雅·鹿鸣》）其中的"苹"与"浮萍"不是一码事，这种植物不是长在水里而是长在水边或陆地。苹，《尔雅》作"藾萧"，陆玑《毛诗草木鸟兽鱼虫疏》："苹，叶青白色，茎似箸而轻脆，始生香，可生食，又可蒸食。"

当时贾府在场的人，都立即笑了起来，显然都能理解这些笑话，即他们都清楚《诗经》是怎么回事，都知道"食野之苹"，或许也都知道其中的"苹"指萋蒿，一种可食的菊科植物。

《诗经》融合了中国古代百科学问，后世引用甚多。比如三国时曹操的《短歌行》：

> 青青子衿，悠悠我心。
> 但为君故，沉吟至今。
> 呦呦鹿鸣，食野之苹。
> 我有嘉宾，鼓瑟吹笙。

前两句来自《诗经·郑风·子衿》："青青子衿，悠悠我心。纵我不往，子宁不嗣音？"原诗写姑娘在思念她的爱人。后两句出自《诗经·小雅·鹿鸣》，描写宾主欢宴的场景：只要你们到我这里来，定会以嘉宾之礼相待。那时候以及整个古代，没有明晰的知识产权意识，不必注明出处。实际上对于经典，如果读者看不出用典，只能说明此读者水平差，怨不得作者、引用者。

《诗经》描写的是距今大约2500年前（西周初期至春秋中叶约

萎蒿，菊科植物，嫩茎叶可食。极易成活，住户可自己栽种。2006年7月16日摄于北京昌平。

五百年间）黄河流域的社会生活，其中所谈到的，在当时十分具体、几乎人人都知道的鸟兽草木，因时间久了，地点变了，在后来自然会变得模糊，名实难以对应起来。一些学子只擅长纸上谈兵、空口背诵，忘记了诗歌源出于实际生活。今天有人不知道"食野之苹"中的"苹"指的是萎蒿，就难以准确理解《诗经》，其实类似情况在宋代就发生了。

宋代著名博物学家、博物学史家郑樵认为，"学者操穷理尽性之说以虚无为宗，实学置而不问，仲尼时已有此患"。他在大部头的《通志》中曾说：

　　小雅曰：呦呦鹿鸣，食野之苹。不识鹿则安知食苹之趣

与呦呦之声乎？凡牛羊之属，有角无齿者，则其声呦呦；驼

马之属有齿无角者，则其声萧萧。此亦天籁也。鹿之喙似牛

头，故其声如是又得莪蒿之趣也。使不识鸟兽之情状，则安

知诗人关关呦呦之兴乎？（郑樵，2000：865）

　　郑樵的见解对于学习经典以及历史研究都有警示意义。他强调了

书本与实际的结合。学者必须努力体验生活，获取更多具体知识。这

番话也道出了博物学的关键环节：名实结合对于博物学至关重要。

　　郑樵所做的工作主要属于二阶博物学。相比于一阶博物学，二阶

博物学的从业者不需要太多，但也不能没有，否则一阶博物学走不远，

也做不好。

3.3　关关雎鸠与参差荇菜

　　历史学家郑樵还细致地评说道：

　　夫诗之本在声，而声之本在兴。鸟兽草木乃发声之本。

汉儒之言诗者，既不论声又不知兴，故鸟兽草木之学废矣。

若曰：关关雎鸠，在河之洲。若不识雎鸠，则安知河洲之趣

与关关之声乎？凡雁鹜（wù，鸭）之类其喙褊（biǎn，狭窄）

者，则其声关关；鸡雉之类其喙锐者，则其声鷕鷕（yǎo）。
此天籁也。雎鸠之喙似凫（fú，野鸭）雁，故其声如是又得
水边之趣也。（郑樵，2000: 865—866）

这次针对的是《诗经》首篇广为人知的诗歌《周南·关雎》：

> 关关雎鸠，在河之洲。窈窕淑女，君子好逑。
> 参差荇菜，左右流之。窈窕淑女，寤寐求之。
> 求之不得，寤寐思服。悠哉悠哉，辗转反侧。
> 参差荇菜，左右采之。窈窕淑女，琴瑟友之。
> 参差荇菜，左右芼（mào，采摘）之。窈窕淑女，钟鼓
> 乐之。

郑樵提到的"河洲之趣与关关之声"，对于准确把握这首诗的意境确实很关键。以前我也没在意声音的问题，对场景的体会也不深。我在北京延庆野鸭湖也见到一些黑翅长脚鹬，但那季节那场面与黄河湿地无法比，只是令我简单地想起《关雎》。直到有一次，内蒙古大学科技哲学任玉凤老师请刘兵和我等到包头附近游览，我有幸见识了大量黑翅长脚鹬（*Himantopus himantopus*）在黄河沿岸的湿地上空自在地飞翔、鸣叫，我才算领会到《周南·关雎》的奥妙。当时心情极佳，仿佛通过时间隧道，跨入了祖先的生活世界，与先民一起站在黄河边欣赏大自然的美丽。

黑翅长脚鹬，2009 年 6 月 15 日摄于内蒙古七星湖。

　　《关雎》整体上写男女相见、相恋，把人再考虑进去，整个画面更是非同一般：水鸟在河上喊喊叫着，小伙子望着身材窈窕的姑娘，萌生爱意。水中荇菜漂浮在美女左右，自然而然地衬托着佳人的身段。

这情景令青年浮想联翩，夜不能寐。孔子曾这样评价道："关雎，乐而不淫，哀而不伤。"（《论语·八佾》）其中，淫，过也。在孔子在看来，这首诗的艺术手法表现得恰到好处。

诗中反复讲一种水生植物荇菜，其地位想必相当于今日的玫瑰（实为月季）。现在流行送玫瑰，那时可能流行赏荇菜。《诗经·国风·关雎》中提到的这种爱情植物"荇菜"（*Nymphoides peltatum*），也写作"莕菜"，荇与莕这两个怪模样的字都读作"性"（xìng）。

国标字符集（GB2312-80）中没有收"莕"字，"荇"也仅列在国标二级字中。当初制订标准的人似乎不太看重这个物种。这属于瞎猜测，不过，从《诗经》的创作到现在有两千多年了，人们逐渐遗忘了这种植物，倒是事实。"性"依然，"莕"淡出矣！

北京大学校园中的未名湖和朗润湖就有荇菜，静静地飘浮在湖边水面上，每年6月都如期开出漂亮的金黄色小花。如今没多少人认得"她们"，甚至极少有人低头看一眼。

夏日里，校园里的恋人们坐在湖边石墩上亲密、唠叨之余，几乎不用故意扭动身躯，荇菜就会落入视野。我担保，荇菜的叶和花绝对值得仔细观赏。恋爱时想想《关雎》，也并不跑题。

荇菜这种植物，叶颇像睡莲或莼菜，细看却是不同的。荇菜的茎分节，节上长叶和花葶。叶革质，下面紫褐色，上面光亮呈绿色。花冠黄色，5深裂，5次旋转对称。花冠每个裂片边缘都长有较宽的薄翅，状似枕头、长裙上的"扉子"，边缘还有不整齐的小锯齿。整体上看来，花冠像舞台上奇特的花扇。

　　2011 年 6 月 1 日早上 8 点多，我走过未名湖北岸，见到湖边大量荇菜举着一把倒置的小黄伞漂浮在水面。天旱，荇菜倒长得格外好。但当天没带相机，立即决定第二天专程来北大拍摄。

　　6 月 2 日不到 6 : 50 就来到湖边花神庙旁，头一天一片一片的荇菜花竟然不见了，难道一天时间就开过了？不大可能吧？

　　走近了瞧，确认头一天开放的花确实不见了，但水面树起无数只宛如黄色朝天椒的"小花棒"，是未开放的花苞还是头一天开过晚上又

北京大学未名湖上一只雌绿头鸭带着八只小鸭在密密麻麻的荇菜中穿行，摄于 2011 年 6 月 2 日。

重新合拢的旧花？估计是前者。阳光已经照耀着湖面，相信不久花就会被光线"烤"开。

10分钟后花苞前端张开一条缝，露出颜色更黄的花瓣，花葶微微向东（朝向太阳）弯曲，25分钟后花瓣全部打开。不过，阴影处的莕菜依然如7时前的样子。由南岸绕到西北角"翻尾石鱼"小岛上，平时水多，无法直接上岛，如今可以踩着大石头，轻松上去。小岛只有十多平方米，长满芦苇。只听莕菜花丛中有响声，仔细一看才发现一只雌绿头鸭带着八只孵化不久的小鸭。八只小鸭十分可爱，与母亲如影随形。母鸭警觉性很高，每过几秒就会抬头四处张望，然后急忙与小鸭一起吃东西。这一大家子，我前一周在"文水陂"下的未名湖耳湖中已经见过一面，如今一只未少，令人欢喜。

与莕菜类似，还有一种迷人的植物长在水中，它的名字叫"睡菜"。不过，《北京植物志》根本没有记载这种在我看来极为重要的睡菜（*Menyanthes trifoliata*），不知是何种原因。睡菜比莕菜还美丽，北大未名湖中应当引进这种植物。

在朋友的帮助下，2009年4月27日开车约100公里（单程）寻找睡菜。睡菜真的非常漂亮。只为了看一种植物而远行，值得吗？绝对值得。有一年为了找一种逸生的药用鼠尾草，我曾从北京专程赶到河北沙城。

睡菜特征明显。叶基生，三出复叶。叶柄较长，可达20厘米，基部变宽，鞘状。花葶由根状茎顶端抽出，总状花序。花冠乳白色，深裂，也是5次旋转对称。当然，花冠个别有6深裂的，就像紫丁香花除了

药用鼠尾草。2007 年 9 月 16 日在 G6 高速河北沙城出口发现，《中国植物志》未收。

4 裂还有 5 裂、6 裂、7 裂的一样。最特别之处是，花冠内表面长有流苏状的毛，非常精致、漂亮，很像人造毛皮或者高档白地毯上不那么密实的毛线。"毛线"长约 6 毫米，并非直线，中间有若干"之"字曲折。雄蕊着生在冠筒中部，恰好安排在各个花筒裂片的凹坑处。雄蕊顶端的花药紫黑色，呈倒钩状。花冠正中间是雌性生殖器官——花柱。柱头末端微微三裂，呈淡黄色。从进化的眼光看，所有这些"设计"都与昆虫传粉有关。

睡菜，为啥叫这名字？它有什么用？能吃吗？

我也不知道。《本草纲木》中就这样叫了。也有叫它瞑菜、醉草的。

睡菜。2009 年 4 月 27 日摄于北京延庆。

据说此植物的根有润肺、止咳、安眠的作用，名字也许跟这有关。它确实是一种草药，至于有什么药性，我并不关心。

法国思想家、植物爱好者卢梭曾说，江湖医生曾牢牢把持了植物学界，而在他们眼中，植物被精简成了药草，"人们从中只看到肉眼根本看不到的东西，也就是张三李四任意赋予它们的所谓药性"。

在北京，估计没有多少人见过睡菜。但睡菜并不寂寞，它为自己开花、为昆虫开花，总之，它是它自己。正如窈窕淑女为自己而美丽，她是她自己。我们爱美女，但上帝造美女并非只为我们。

3.4 栝楼果实高高挂

《诗经》中不乏思想性与艺术性俱佳的作品，其中《国风·豳（bīn）风·东山》是重要代表：

> 我徂（cú，往）东山，慆慆（久）不归。
>
> 我来自东，零雨其蒙。
>
> 果臝（luǒ）之实，亦施（yì）于宇。
>
> 伊威（地鳖虫）在室，蠨蛸（xiāo shāo，长脚蜘蛛）在户。
>
> 町畽（tǐng tuǎn，田舍旁空地）鹿场，熠耀宵行（萤火虫）。
>
> 不可畏也，伊（指荒芜的家园）可怀也。

诗歌以第一人称描写自己到东山从军，长期不得回家。终于在一个细雨蒙蒙的日子，能够返回故里。在返乡的途中，诗人想象着家园可能的情景：一串串栝楼果实挂满了房屋，地鳖虫满屋乱爬，门窗结满蛛网，田地里野兽出没，夜间萤光闪闪。但是，家园荒芜并不可怕，它依然是心中的好地方。

认识栝楼这种葫芦科草质藤本植物，并亲自种植它，看它开花，特别是在深秋季节观赏金黄色的果实挂满藤架、墙壁，能够更深切地体会诗人表达思家之情时，为何提起这栝楼。栝楼是具体的，可感的，是人生的一部分。如果再了解一点栝楼在古人日常生活中的作用（医、食、美容等），我们对它也便有感情了。2010 年春在海淀图书城做一次博物学演讲，我当场分发了 10 份栝楼种子，希望更多的人有机会亲自种植它。

清人吴其濬（1789—1847）撰写《植物名实图考》，借"栝楼"（第999 条）对东山诗发出长篇议论："余行役时，屡馆旷宅，老藤盖瓦，细蔓侵窗，萧条景物，未尝不忆东山之诗，如披图绘也。夫圣人衮衣绣裳，雍容致治，而于穷檐离索之情，长言咏叹，悱恻缠绵，有目睹身历而不能言之亲切如此者，岂临时有所触而能然哉？盖其平日于民间绸缪拮据之事，无不默为经营；即一草木，一昆虫，其蕃息于衡宇樊墙间者，无不历历然在于心目，思其禽聚，则烹葵献羔，念其离析，则敦瓜蜎蠋（yuān zhú，幼虫）。盖非破斧缺戕，必不忍使吾民有妇叹洒扫之悲，其万不得已之一衷，有不待直言而自见者。人第颂其感人之深，而不知其悯从征之将士，若自咎其不能弭患于未然。"（吴其濬，

栝楼果实。2010 年 11 月 9 日摄于北京大学校医院（旧址）北口。

2008：394—395）

　　这位自称"雩娄农"的植物学家，了解下层百姓的日常生活，对戍边将士满怀同情，因而能充分理解东山诗所述征人返乡的复杂心情。吴其濬在此尽情阐发，全然不顾《植物名实图考》的体例，算是一绝。从另一个侧面，这也反映出博物学家吴其濬是有人文关怀的。

3.5 生活中无处不在的植物

《诗经》记录了非常优美的劳动场景，比如《诗经·豳风·七月》描述了采桑劳动：

> 春日载阳，
> 有鸣仓庚。
> 女执懿筐，
> 遵彼微行，
> 爰求柔桑。

翻译成现代汉语，大致是："风和日丽春天里，黄莺在歌唱。女子提竹篮，缓缓行路上，去给蚕儿摘嫩桑。"（汪子春，2010）

养蚕、做豆腐，都是中国古人非常伟大的发明。这首诗明确证明中国人在那个时候就开始养蚕了，"桑者闲闲兮"（采桑者人来人往的意思），从这个角度看，作为文学作品《诗经》当然也是重要的科学史文献。植桑养蚕是中国古代农耕文明极为重要的一环，传统儒学也把它放在恰当的位置来反复提醒学生和政界官员。《孟子·梁惠王·齐桓章》中提到：五亩之宅，树之以桑，五十者可以衣帛矣；鸡豚狗彘之畜，无失其时，七十者可以食肉矣；百亩之田，勿夺其时，八口之家，可以无饥矣；谨庠序之教，申之以孝悌之义，颁白者不负戴于道路矣。老者衣帛食肉，黎民不饥不寒，然而不王者，未之有也。"后来的《齐民要术》详细描述了养蚕技术细节。中国古人不但养蚕，还养蜂、养白蜡虫等，所有这些创新活动，均根植于我们的农耕文明，与百姓的日常生活密切结合。

这种实用科学与希腊的理性科学，有着较大的差异。应当说各有特点，各有短长。不应当过分吹捧其一而贬低对方。作为一名中国人，我们首先在观念上要学会理解、欣赏我们祖先的智慧和生活方式，而不是忘却和藐视。至于在实践中如何做，那要另说。

自然，《诗经》也并不只讲劳动过程，还有大量的非劳动场面。比如《国风·秦风·蒹葭》借景抒情，作者思念心上人，上下求之而不可得：

蒹葭（jiān jiā）苍苍（茂盛的样子），白露为霜。

所谓伊人，在水一方。

溯洄（逆流）从之，道阻且长；

溯游（顺流）从之，宛在水中央。

蒹葭凄凄（茂盛的样子），白露未晞（xī，干）。

所谓伊人，在水之湄（méi，边）。

溯洄从之，道阻且跻（jī，渐高）；

溯游从之，宛在水中坻（chí，水中小岛）。

蒹葭采采（众多的样子），白露未已。

所谓伊人，在水之涘（sì，水边）。

溯洄从之，道阻且右（指道路弯曲）；

溯游从之，宛在水中沚（zhǐ，水中小块陆地）。

　　这首诗中反复提到蒹葭，读 jiān jiā，声音非常优美，指什么植物？一般认为它就是极常见的芦苇！开花前称蒹，即芦；开花后称葭，即苇。也有分开解释的，蒹指荻或芒，而葭指芦苇。从植物生态的角度看，把蒹葭解释成一种植物芦苇较合理。虽然古代名称用单字的情况较多，但偶尔也有双字，如《诗经》中芣苢指车前草、苌楚指猕猴桃、芄兰指萝藦、菡萏指荷花。芦苇极易生长在湿地、河边、沙丘，在不同季节呈现出不同的风貌。此诗文字简洁，但手法高超。诗中所述事件发生的时间大致是在秋天，地点为河边，但时空一直在变换着。时间流逝以露珠的变化呈现，空间的转移以沿河上下搜寻表达。可见的是流动的河水和变化中的芦苇，而焦点却是那不可见的伊人。

　　借用身边常见的野生植物写男女幽会场面，是《诗经》的长项，比如《国风·邶（bèi）风·静女》：

静女其姝，俟（sì，等待）我于城隅。

爱而不见，搔首踟蹰（chí chú，徘徊）。

静女其娈（美好貌），贻我彤管（初生的茅）。

彤管有炜（鲜明貌），说怿（yuè yì，喜爱）女（通汝）美。

自牧（郊外）归（通馈）荑（tí，初生的白茅），洵（实

芦苇。2002 年 10 月 25 日摄于北京马连洼药用植物园。

在）美且异。

匪女（通汝）之为美，美人之贻。

王秀梅的译文如下（略有修改）：

> 文静的姑娘真可爱，约我城角楼上来。
> 故意躲藏让我找，急得我抓耳又挠腮。
> 文静的姑娘长得好，送我一支红管草。
> 管草红得亮闪闪，我爱它颜色真鲜艳。
> 郊外采荑送给我，荑草美好又奇异。
> 不是荑草真奇异，只因美人来相赠。

《国风·郑风·溱洧》也有类似的描写："溱（zhēn，河名）与洧（wěi，河名），方涣涣（春水盛貌)兮。士与女，方秉蕑（jiān，一种兰草）兮。"但更加形象、大胆："女曰观（通'欢'）乎？士曰既且。且往观乎？洧之外，洵訏（xún xū，实在宽广)且乐。维士与女，伊其相谑（xuè），赠之以勺药。"在以上两首诗中，彤管、荑、蕑、勺药（即芍药）等植物，均是寻常野草，但它们与古人的生活密切相关，已经成为其生活世界的一部分。

动植物与谈恋爱的关系，在《国风·召南·野有死麇》表现得更生动：

野有死麕（jūn，小獐子），白茅包之；

有女怀春，吉士诱之。

林有朴樕（sù，小树），野有死鹿；

白茅纯（tún，束）束，有女如玉。

"舒而脱脱（tuì，舒缓貌）兮，

无感（通'撼'、动）我帨（shuì，围裙）兮，

无使尨（máng，多毛烈狗）也吠。"

　　用白茅包好刚猎获的小獐子，把它赠送春心荡漾的美丽少女，从此及彼，步步前进，大胆而自然。女方愿意接受男方的好意，又表现出相当的矜持。如果没有前面的动植物铺垫，面对小伙子的动手动脚，姑娘早把他打跑，而不是担心狗叫了。

　　《诗经》中许多植物名可与当今的植物名对应起来，这真是一件令人快乐的事情。这样一来，我们就能进入古人的生活场景，就更容易读懂《诗经》。比如，有如下对应关系（潘富俊，2003）：

苌楚：猕猴桃，猕猴桃科植物；

樗（cū）：臭椿，苦木科植物；

枌（fén）：榆，榆科植物；

葍（fú）：旋花，旋花科植物；

榖（gǔ）：构树，桑科植物；

蕑（jiān）：泽兰，菊科植物；

栗：板栗，壳斗科植物；

蔽：乌蔹莓，葡萄科植物；

粱：粟，谷子，禾本科植物；

苓：甘草，豆科植物；

杞：枸杞，茄科植物；

荠：荠菜，十字花科植物；

芹：水芹，伞形科植物；

茹藘（lú）：茜草，茜草科植物；

勺药：芍药，毛茛科植物；

苕：凌霄花，紫葳科植物；

菽：大豆，豆科植物；

舜：木槿，锦葵科植物；

檀：青檀，榆科植物；

桐：泡桐，玄参科植物；

萑（tuī）：益母草，唇形科植物；

藚（xù）：泽泻，泽泻科植物；

葽：远志，远志科植物；

椅：楸，紫葳科植物；

鹝（yì）：绶草，兰科植物；

莠：狗尾草，禾本科植物。

《诗经》的博物内容不限于植物和动物，还有非常重要的星象。生活不是天天谈恋爱，《国风·召南·小星》提到了星空、星宿，也展现了古人生活不那么美好的一面：

> 嘒（huì，微光闪闪）彼小星，三五在东。
> 肃肃（急忙赶路貌）宵征，夙夜在公。
> 寔（shí，此）命不同！
> 嘒彼小星，维参（shēn，星宿名）与昴（mǎo，星宿名）。
> 肃肃宵征，抱衾与裯（chóu，床帐）。
> 寔命不犹！

王秀梅的译文如下：

> 星儿小小闪微光，三三五五在东方。
> 急急忙忙赶夜路，早晚都为公事忙。
> 这是命运不一样。
> 星儿小小闪微光，参星昴星挂天上。
> 急急忙忙赶夜路，抱着被子和床帐。
> 别人命运比俺强。

古人很早就把天空分为三垣四灵二十八宿。三垣指北天极周围的三个区域：紫微垣、太微垣、天市垣。四灵指朱雀、玄武、青龙、白虎，分别位于下（南）、上（北）、左（东）、右（西）。注意古时左东右西，与现在的地图所示方向不同。东西南北各七宿，合计二十八宿。其中西方白虎七宿指奎、娄、胃、昴、毕、觜、参。参位于最后一宿，而昴位于第四宿。参相当于猎户座，昴相当于金牛座。在《诗经》时期，也许还没有三垣四灵二十八宿的完整概念，但部分称谓早就有了。

现在，普通的中国人很少能认全二十八宿，但北斗七星还是应当了解的，没准哪天走夜路会用它们来辨别方位。北斗七星分别为大熊座的 α、β、γ、δ、ε、ζ、η，中国古代的名称分别是天枢（北斗一）、天璇（北斗二）、天玑（北斗三）、天权（北斗四）、玉衡（北斗五）、开阳（北斗六）、摇光（北斗七），前四颗星组成一个斗形，称斗魁或璇玑；后三颗组成斗柄，为斗杓。将天璇和天枢连线，延长5倍，就可以找到一颗恒星：北极星（小熊座 α 星）。

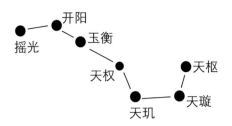

北斗七星及北极星

3.6 赋比兴：文学手法与认知手段

文学与科学，相距甚远。诗歌与认知有关吗？歌德的诗作《植物的变形》给出了暗示。

更具体一点，中国古代的《诗经》与自然科学的认知有关系吗？这类问题我想了很久，一直没有明确的答案，后来从博物学、地方性知识的角度考虑，终于有了小小的发现。这算科学史、认识论、方法论方面的进展还是《诗经》研究的进展？其实根本不必在乎学科划分，只要是新想法，管它属于哪个领域、哪个学科呢！

在中学语文课上人们就听说过，风、雅、颂、赋、比、兴合称"诗经六义"。风雅颂指文体分类、体裁，赋比兴指诗之作法、用意。这些都是关于《诗经》的二阶基本知识。这六义并非一两个人的见解，而是诗论、文论界的普遍看法。

长期以来学者深入研究了作为文学手法的赋、比、兴，而没有看出赋、比、兴的认知含义。大约在世纪之交，有一天我一边读《诗经》，一边欣赏植物，考察几个属之间的关系，突然意识到可以从认知的角度重新解读赋、比、兴。我立即查文献，想知道其他人是否已经想到了，但查询的结果是没有发现。本书第一版出版后，我还将这一发现写成小文发表在《中国社会科学报》（刘华杰，2012.02.27），受到学者的好评。

《诗经·郑风·风雨》这首诗将赋、比、兴三种手法全部展现出来：

风雨凄凄，鸡鸣喈喈。

既见君子，云胡不夷。

风雨潇潇，鸡鸣胶胶。

既见君子，云胡不瘳（chōu，病愈）。

风雨如晦，鸡鸣不已。

既见君子，云胡不喜。

诗中有对风雨、鸡、人物的三层递进式描写、对比、起兴，用字洗练、意境幽远。自此以后"风雨"一词在中国文化中就有了特殊的含义，如今风雨兼程、风雨同舟、风雨彩虹、风雨人生、风风雨雨之类组合很常见。要把它们翻译成英文，是相当困难的。《诗经》开创的比兴手法，在后世的诗词中有大量发挥。南唐中主李璟（916—961）所作《摊破浣溪沙》是综合运用比兴手法的佳作：

菡萏香销翠叶残，西风愁起绿波间。

还与韶光共憔悴，不堪看。

细雨梦回鸡塞远，小楼吹彻玉笙寒。

多少泪珠何限恨，倚阑干。

这里既展示了菡萏（荷花）-西风、细雨-小楼等事物间的对比关系，也再现了身为皇帝的词作者与自然事物间跌落起伏、婉转缠绵的同构关系。

唐诗《逢雪宿芙蓉山主人》以赋（白描）为主，也兼及比兴："日暮苍山远，天寒白屋贫。柴门闻犬吠，风雪夜归人。"

孔颖达《毛诗正义》说："赋比兴是诗之所用，风雅颂是诗之成形。"

朱熹在《诗集传》说："兴者先言他物以引起所言之辞。比者，以彼物比此物也。""赋者，敷陈其事，而直言之者也。"

钟嵘《诗品序》："故诗有三义，一曰兴，二曰比，三曰赋。文有尽意有余，兴也。因物喻志，比也。直书其事，寓言写物，赋也。宏斯三义，酌而用之。干之以风力，润之以丹采，使味之者无极，闻之者动心，是诗之至也。"

郑玄注《周礼》时说："赋之言铺，直铺陈今之政教善恶。比，见今之失，不敢斥言，取比类而言之。兴，见今之美，嫌于媚谀，取善事以喻劝之。"郑玄的解说善于政治引申，有一定道理，但并不十分可取。离开诗歌所描绘的具体形象、所表达的民间具体情感，去寻求有关君臣父子的微言大义，是无聊文人的习惯做法。这样牵强附会很糟糕。李敖先生曾在凤凰卫视讲《诗经》，虽有开玩笑的成分（比如对《国风·郑风·溱洧》的解释），但也有相当的合理性：让《诗经》返回民间！

就以上所引名家的议论而言，赋、比、兴三者主要是文学手法，而我们可以从科学哲学和博物学的角度重新阐发它们。从对世界系统与过程的描述角度看，"赋"是一般性的外在描写，"比"是对具有结构类似性事物的内在提炼，"兴"是对无明显共性事物的移情式透视。即由"赋"到"比"到"兴"，对世界和过程的描写越来越复杂，"比"

是高级的"赋","兴"是高级的"比"。于是赋、比、兴三者有了认知的含义，表达了人认识世界的三个不同层面或者阶段。"赋"是较客观的刻画，"比"是加入主观因素的对事物共性的提取，而"兴"则是更为复杂的主观建构。"比"与"兴"相近，但"兴""文有尽意有余"，故意说得不透，留有想象的空间。

严格来说三者都是主观与客观的统一，因为只有这样才进入认识过程，但主观与客观的成分各不相同。按《说文解字》，兴，起也。相对而言，"兴"最难把握，所谓"词深于兴"也有这层意思。不过，风险与收益是成比例的，一旦运用得当，会收到意想不到的效果。兴，前后句之间有诗歌音韵的考虑，也有义理上的考虑。大学者顾颉刚认为"起首的一句和承接的一句是没有关系的"，二者如果有关联，也只在于协韵。钟敬文则认为分两种情况，有不取义的纯兴诗，也有内容关联的比意诗。综合起来分析，关联有强弱之分，但很难说没有关联。无关，则兴什么？读者也读不懂，读不出美，读不出意境。难怪王静之先生坚定地认为：不取义的兴根本不存在（朱孟庭，2004）。台湾学者朱孟庭经过仔细分析得出一个可信的结论："兴全取义"之论点可以成立。其实，孔子说"诗可以兴"，就已经表达了类似的意思。

在哲学上，有趣的是，还可以倒过来阐发。人对世界的认识及所获得的知识是主观与客观的统一体，是建构的，按科学知识社会学的理解它们是一些"信念"，不可能只是客观世界自身的性质。"兴"的主观成分最多，以"兴"为原点考虑，"比"是较弱的"兴"，"赋"则是更弱的"兴"。从看世界的角度论，"赋"是一级"看"，"比"是二级"看","兴"是三级"看"。"赋"最基本,"兴"包含着"比","比"包含着"赋"。相对而言,"兴"进入游刃有余的状态,是最难把握和传习的。

宋人李仲蒙说得非常好:"叙物以言情谓之赋,情物尽者也;索物以托情谓之比,情附物者也;触物以起情谓之兴,物动情者也。"他用了言情、托情、起情三个递进的词语来描写赋、比、兴对事物的描述或建构。

并非只有《诗经》才有赋、比、兴,其他民歌中也常见。比如蒙古民歌《嘎达梅林》:"天上的鸿雁从南往北飞,是为了寻求太阳的温暖哟,反抗王爷的嘎达梅林,是为了蒙古人民的幸福。"维吉尔的《牧歌》(Eclogues)中也有,比如:"牲口怕狼,熟透了的果实怕雨滴,树木怕风,我怕阿玛瑞梨生气。"(维吉尔,2009:29)其中逗号分开的每部分都是"赋",彼此之间都有"比"的结构,前三者与最后之间则构成"兴"。

3.7 博物之兴:认知与伦理

赋、比、兴在认知、理解世界中各有用途,同时起作用。在教育中,对三者,都需要反复训练。教育包括艺术、人文、科技,不限于诗歌教育。就教学过程而言,学习"赋"是第一步,所谓白描、记叙,求真、求细等等。"比"是第二步,善于发现事物的共性,做出恰当的对比、类比，古代作对子算是这方面的练习。在科学发现过程中，优秀的有洞察力的学者往往通过类比，而做出科技创新。"兴"相对更难，属于情感和价值观上的培育，是慢功夫，它更在乎的是一种素养、能力的培育。借助这种能力，人们能够在外表完全不同甚至完全不相干的事物与过程之间建立联系，做出创造性的转换。三者都有做得好的和做得不好的。不好的"赋"，让人觉得不真实、不细致；不好的"比"，让人觉得牵强附会、生拉硬套，或者放大捉小、丢了西瓜保芝麻；不好的"兴"，让人觉得跳跃太大，情景不符，严重者会让人觉得精神有问题。

赵沛霖在《兴的起源》中特别谈到"兴"的宗教起源："在后世看来似乎只是一种形式美而无内容意义的'兴'，在其起源上并非属于形式和审美范畴，而有其复杂的想象内容和宗教观念的神圣含义，因而首先应当属于内容的范畴。……从发展上看，'兴'深刻地反映着诗歌艺术与宗教、神话之间的内在继承关系。由于诗歌艺术本质特点的要求，这种关系在诗中主要不是表现在直接形态的具体内容上，而是表现在由这些神话和宗教观念凝聚而成的抽象形式上。"（转引自朱孟庭，2004）这一看法很有道理，也非常重要。在起源上，"兴"与宗教信仰和宗教仪式有关联，并不难想象。

关于"兴"，我本人想发挥的是，"兴"与博物学有关，具体讲有三点：第一，"兴"更多地源于日常生活，脱离了具体的生活，"兴"就变得难以理解。第二，"兴"展现了人们的实际认知过程，值得做"兴之认识论、兴之方法论"研究。在"兴"中，可以没有因果性、确定性和必然性，但"兴"有助于发现。第三，"兴"可用于分析当前的一些生态伦理问题。其中第二条，意义重大，应当深入探讨。

赋、比、兴也相互影响，在使用中是交错进行的。"赋"、"比"有助于"兴"，"比"、"兴"有利于"赋"，"赋"、"兴"也有利于比。

似乎自然科学比较在乎"赋"或者主要限制在"赋"的层面，而文学艺术比较在乎"比""兴"的层面。这种看法是肤浅并有害的。人类的所有学问均包含赋、比、兴三者。对于自然科学探究，背景知识和人文修养水平，决定了"兴"的能力和层次，使当事人在研究方向的选择上或眼光不俗或一生仅仅只是跟屁虫。

"比""兴"与同中求异、异中求同的科学方法论有明显的联系。莱布尼茨曾在《论智慧》中说："我们必须使自己习惯于进行区分，即对两个或两个以上极其相似的事物，立即找出它们之间的所有差别。我们必须使自己习惯于进行类比，即对两个或两个以上极其不同的事物，立即找到它们的相似点。我们必须立即看出和已知事物极其相似或完全相异的其它事物之间的关系。例如，当有人向我否定一些一般准则时，最好我能立即举出一些例证；当有人提出一些准则来反对我时，最好我能提出反面例证；当我听到一个故事时，最好我能立即联想到另一个相似的故事。"（莱布尼茨，1985：46）在莱布尼茨看来，这些都是"在一瞬间和必要时唤起人们识别能力的技术"。

博物学不特意强调创新，更在意理解世界。关注进化历程，观察、描写大自然，触类旁通，实现伦理扩展，是博物学要做的工作，这自然与赋、比、兴都有关，而最难把握的是"兴"。由"赋"到"兴"，没有简单的逻辑通道，不会有"必然得出"的推理，但从惠威尔广义归纳的意义上看，"赋"与"比"的积累可能有助于"兴"的创新；在新的层次上，又会提高"赋"与"比"的水平。无论是做科研，还是做一个普通人，博物学训练都有助于培育"兴"的水平和境界。

"兴"也有大量低级的层面和境界。准确地讲，在现代性的社会中，并不缺少追求"兴"的努力，酒精、海洛因、女色、美钞、权力等等，无不瞄准"兴"。"兴"与"性"又自然捆绑在一起！在今天的社会里，我们企图"中兴博物学"，也考虑到了"博物之兴"。博物之兴，显然不局限于知识的层面，也包含价值观、人生观的内容，涉及到我们想做什么样的人，想过怎样的生活。

《孟子》乃圣人之书，《孟子》时常引用《诗经》，更将"兴"的文学手法发展为"推"的平治思想。

从《诗经》到《孟子》，由"比""兴"演进到"推"，也可以说是从认知到德性的转换。人们一定程度上了解了世界，便会决定如何做人，做什么样的人。而《孟子》告诉人们：向圣人学习，做高尚的人、有道德的人。

《孟子》讲："人皆可以为尧舜""圣人与我同类者""老吾老以及人之老，幼吾幼以及人之幼"。当然，《孟子》的意思不是指圣人与自己一样庸俗，也干过坏事，而是指自己的心灵与圣人是相通的，可以通过修炼，擢升自己，向往高尚的人生。

利奥波德（Aldo Leopold）在《沙乡年鉴》中讨论的大地伦理，也与中国文化的兴、推的博物学致知方式有关。他认为，当我们把女奴、土地视为我们人类共同体的一部分时，伦理的范围就扩展了，我们就抵达了完全不同的境界。

利奥波德可能通过博物学，顿悟了万物相通、同构的奥秘，以及伦理学突破的关键。

要注意的是，利奥波德从来也没有演绎地、科学地证明他的土地伦理的前提如何合理。他用的是类比法，这与孟子的方法、博物致知的方法是一样的。

"兴"与"推"涉及的关联，并非一望便知。在"先进"民族看来似乎难以理解的事情，在另外一些民族看来却可能是自然而然的。比如云南和四川的纳西人长久以来就相信大自然之神"署"与人类是同父异母的兄弟。据纳西学者、纳西东巴和力民先生讲，"崇忍利恩"与"竖眼女"结合生出了自然物，与"横眼女"结合生出了人类；署神与人类是一种共生关系。

纳西的东巴经中有极具象征意义的"休曲苏埃"（鹏署之怨）故事。自然灾害不断，东巴教始祖丁巴什罗在人类的要求下，命令休曲（大鹏鸟）捉拿兴风作浪的大自然之神——署。最终休曲制伏了署，典型的画面是一只大鸟（象征休曲）嘴里叼着一条蛇（象征龙、署）。这时，丁巴什罗出面调解，与人类重归于旧好。纳西人在历史上与大自然也发生冲突，解决方案是人类与署立下"契约"：人类可以合理使用大自然的产物，但不可以过分，人类应当定期祭署，以表达对大自然的感激之情，也是为了"还债"。据此我们容易想到，在普遍维持这种信仰的地区，人们认为自然物与我们是同类，属于一个共同体，人类

和力民研究员 2011 年 5 月 24 日在清华大学演讲，题目是"与神灵沟通的智慧：纳西族的署自然观与祭署仪式"。

还能随随便便破坏大自然吗？这种信仰可能是不科学的，但却是合理的。关注这种信仰，保护它，重新阐释它，具有现实意义。博物学和人类学都关注地方性知识，而地方性知识与民间信仰有着内在的关联，不可能把知识与信仰分离开，只取知识而抛弃信仰。

佛教讲"众生平等"，并非按字面意思主张个体之间完全没有差异，而是一种求同存异的态度，一种诉求，一种伦理学姿态，或者说一种人生境界。

美国国父杰斐逊（Thomas Jefferson）写下"人人生而平等"的壮语并声称这是显而易见、不证自明之时，他并不是指所有人长得一样高、有一样的收入、每顿都吃四两饭，他也并非真的找到了严格的证明。他是讲人作为人，在人格上、在法律地位上应当是平等的，这既是一个前提也是对理想社会的一项追求。这个前提写进了美国宪法，被固定下来，被不断引用，它的确推动了人类文明的发展。

当我们有闲心、有兴趣观察泥土、花朵、贝壳、茗荷、藤壶、昆虫，既能获得意想不到的知识（特别是书本上没有的知识），也会有意想不到的情感体验，还能生发出某种世界观、人生观，比如发现世界颇美好，人应当更好地活着，"做一个有道德的物种"（田松语）等等。而谦卑、感恩、敬畏是与此相匹配的一些态度、情感。我相信没有人能够严格地证明这些，它们是"兴"的产物，是超越的结果，它们的确代表了与众不同的境界，值得推崇的境界。

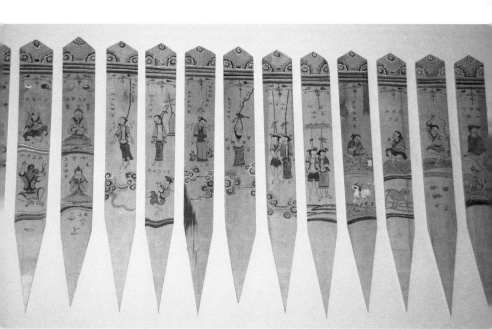

纳西祭风仪式中使用的木牌画，2008 年摄于云南丽江博物院。

3.8 寻求诗意生活

中国人长久以来并未依靠近现代科技而过活。作为一名现代中国人，非常遗憾我们已经不了解自己祖先的生活方式。读书的中国人当中，如今能读英文的远比能读中国古文的要多；未加标点的中国古文，跟天书差不多。

情况也在发生变化，越来越多的中产阶层愿意了解我们的古代文化，也对古代的博物学感兴趣。"国学热"说明了一些问题，不过，"自然国学"至少现在还没有热起来。

作为科学传播之特殊形态的"科普"，自建国以来就得到各级部门的高度重视，但是科普的功利之眼是很难看得上《国风·王风·采葛》这样的诗句的：

> 彼采葛兮，一日不见，如三月兮！
> 彼采萧兮，一日不见，如三秋兮！
> 彼采艾兮，一日不见，如三岁兮！

只有扩展视野，把关注点放到人民群众的日常生活上来，我们才能感觉到这样的诗与科学传播有关。说到底，科学传播只是文化传播中的一部分。吟诵这首诗，感受诗人所描述的相思之情，知道月、秋、岁所代表的不同时间尺度，进而再确切了解葛（豆科）、萧（禾本科的荻）、艾（菊科）分别对应于先民日常生活中常见的三种植物（刘华杰，

2011a：21—22），不亦乐乎？

读《诗经》，"多识鸟兽草木之名"，是响应孔子的诗教倡导。在高科技的今天，作为个体，尝试一下博物学，很有好处：欣赏大自然，增长见识，保持快乐，提升自己。

修炼博物学有助于"诗意地生活"，我们要做的第一件事是调整自己的关注点，至少把十分之一的精力锁定在大自然上，用一颗童心去探索周围的世界，就一定会有自己的发现。正如孟子所说："大人者，不失其赤子之心者也。"

著名博物学家 E.O. 威尔逊说："什么是博物学？实际上，博物学涉及你周围的一切。它可以是从山巅上眺望的一片森林狭长的远景，可以是围绕在城市街道两旁的一片杂草，可以是一条鲸鱼跃出海面的剪影，也可以是浅塘里水藻上长出的茂盛原生物。相比于虚拟实在，有人更喜爱现实世界。无论怎样，世界的每一个角落都有无限的活力，等着人们去探索，哪怕只有片刻。至于那些所谓的'现代科技的奇迹'，我要提醒读者：即使是路边的杂草或者池塘里的原生物，也远比人类发明的任何装置要复杂难解得多。"（转引自莱斯利、罗斯，2008：7，文字略有改动）

现在媒体发达，几乎每天都能得知世界各地发生各种"自然灾害"：地震、火山喷发、海啸、泥石流、雪崩、滑坡。博物学能够帮助我们理解这些自然灾害的发生过程，更重要的是博物会告诉人们，它们本身并不构成任何灾难，只是地球上极普通的自然过程。严格讲，不应当称"自然灾害"。换一种角度看，几乎每一场所谓的自然灾害都是"人为灾害"！是人不知量力与大自然较劲而最终导致生命财产损失，而且屡次不吸取教训。明明是断裂带、板块碰撞带，震死了几十万人（近一百年内已经不止一次）之后，仍然要原址重建，这是什么精神？这是愚昧与自大混合在一起的屡战屡败、屡败屡战的疯狂精神。

博物学提倡个人探索，参悟大自然沧海桑田、人世间此起彼伏的道理，其目的通常说来不应当是为了取得高科技发现，更非瞄准动不动就要改造大自然：这儿挖个洞、那儿建座桥，这儿修个大坝、那儿扔些核废料。

获取知识并非目的，求得理解，也不是最终目的。如何实实在在地生存才是根本。在盛世或乱世，社会中的一个个体，应当如何生活？如何处理物质生活与精神生活的关系？这是与世界观、人生观有联系的一个大问题，不过它并不抽象。

一个人在现实生活中是否幸福，日子过得是否充实，生活是否有盼头，除了一些基本的背景条件、物质条件外，自我定位、自我调节，起着极为关键的作用。在逆境中不消沉、不丧失信心，在得意时不放肆、不凌弱跩扈，这些功夫是需要修炼的。发现世界之美，通过博物之兴，感受生活之美，坚定信念，这也是在现代科技之外另外开辟博物学天地的用意之一。

"昔我往矣，杨柳依依。今我来思，雨雪霏霏。行道迟迟，载饥载渴。我心伤悲，莫知我哀。"（《诗经·小雅·采薇》）诗中所述的故事并不理想，但是人们公认这是《诗经》中最优美的句子。时运不济、屋漏偏逢连阴雨，并被人普遍误解之时，我们如何欣赏周围的环境，如何憧憬美好的未来？人生当中，总有某些时刻甚至不断重复的时刻，像《圣经》中的约伯经历的一样。我们要经历考验，也许不是上帝的考验，但考验确是真实的。承受命运对初始条件的设置，不怨天尤人，乐观地生存下去，这便是从传统、从《诗经》中可以引申出来的道理。

　　个体的一生转瞬即逝，如何度过短暂的几十年取决于我们的价值观。轰轰烈烈未必值得追求。超级城市的喧哗、竞争固然有吸引力，但乡野平淡的生活对一部分人同样魅力十足。君不见王维《积雨辋川庄作》的优美描写：

> 积雨空林烟火迟，
> 蒸藜炊黍饷东菑（给田里干活的人送饭）。
> 漠漠水田飞白鹭，
> 阴阴夏木啭黄鹂。
> 山中习静观朝槿，
> 松下清斋折露葵。
> 野老与人争席罢，
> 海鸥何事更相疑。

第四章

民国时期博物学一瞥

我终于相信，科学的各种思想，是可以像其他思想，如神学的或政治学的思想一样来对待的。像一切人的知识生活一样，科学思想是在特殊的文化条件下产生的，是按照个人的同时也是社会的需要来确认的。

——沃斯特（Donald Worster）

博物学这个词在 20 世纪末的中国，已经成了生僻词、低频词。①
虽然物理学、生物学、遗传工程学、量子色动力学等百姓也未必搞得
清楚，但听着耳熟，因它们经常出现在媒体上。而博物学不同，洋人
的 natural history 被理所当然地叫成"自然史"，却不知应当称博物学
或博物志。在中国，即使一些关心着、实际上做着博物学的人，也自
称在关心"自然史"。这是谁造成的呢？

与当今不同，解放前博物学在教育中是有地位的。但那时博物学
究竟指什么，不能凭今日的观念随意猜测。好在目前许多实物资料还
在，到图书馆中瞧瞧那时大量博物学图书和博物学杂志，自然就能了
解那时博物学的含义。我个人手边就有多种博物学旧书刊，大多是在
地摊上购买的。

我接触晚清、民国时期博物学，始于阅读傅兰雅翻译的《植物图
说》和贾祖璋全集的第三卷（贾祖璋，2001）。前者北京大学图书馆有
收藏，只允许馆内看，不外借。后者是《科学时报》杨虚杰女士送我的。
科学传播家贾祖璋全集的第三卷收入《初中博物教本》三册，第一册
《植物》1935 年初版，第二册《动物》1945 年初版，第三册《地质矿
物》1946 年初版，皆由开明书店出版。"《初中博物教本》是依教育部
《初级中学博物课程标准》编写，供初级中学一学年博物课教学之用。"
（贾祖璋，2001：1）这一卷还收有根据日本人木村小舟所著《野外研
究日曜之生物学》编译的《生物校外研究》，共写了 53 个部分，从 9

---

① 考察不同时期某个汉字频率的突然变化是极有趣的。比如"彪"字和"镕"字，读者可以猜一下
是为什么。

月 1 日写起，止于第二年的 8 月 31 日。相当于每周一部分，写一年可能观察、研究的自然界现象，内容涉及植物、动物、地理、生态等等，十分有趣。

后来我有意识地到图书馆查过一些文献，发现民国时期博物学是极普通的术语，几乎人人都听说过，在学校里都要学习博物学。1949年以前，在学校建制上，博物部（如北京高等师范学校、武昌高等师范学校）、博物地学部、博物类、博物系（如北京高等师范学校）、博物学系（如西北师范学院、国立昆明师范学院）、博物地理系（如广东省立勷勤大学师范学院）等等用法都存在，后来被生物系、地质学系等取代。雍克昌（1897—1968）、孔宪武（1897—1984）、张作人（1900—1991）、陈兼善（详见 4.3 节）等著名生物学家均是 1919—1921 年间从北京高等师范学校博物部毕业的学生。[①] 1911—1920 年间，高等师范学科分类由四类改为六部：国文部、英语部、历史地理部、数学物理部、物理化学部、博物部。如今，绝大部分人从未听说过"博物学"三个字。生物学、地质学、动物学、植物学等等，在内容上部分取代原来的博物学，但真的能全取代吗？这种取代过程导致了哪些问题呢？

---

① 主要参考中国科学院自然科学史研究所院史研究室编《薛攀皋文集》中的"我国大学生物学系的早期发展概况"，第 359—366 页。

4.1 杜就田编译的《博物学大意》

《博物学大意》于丙午年（1906）五月初版，中华民国五年（1916）十一月十四版，编纂者为绍兴杜就田，内文说杜就田编译。发行者为商务印书馆，印刷者为上海北河南路北首宝山路商务印书馆，总发行所为上海棋盘街中市商务印书馆，列出的地点有北京、天津、保定、奉天、吉林、长春、龙江、济南、东昌、太原、开封、洛阳、西安、南京、杭州等；分售处为商务印书分馆，列出的地点有长沙、宝庆、常德、衡州、成都、重庆、哈尔滨、厦门、澳门、香港、新加坡等。英文书名为 *Outlines of Natural History*。全书共 45 页，相当于现在图书的 90 页。

《博物学大意》作者杜就田是位博学之士，擅长书法和篆刻，辑有《就田印谱》。他因喜欢摄影而研究摄影史，并自制照相机。他对动物学亦有研究，与杜亚泉等编过《动物学大辞典》。北京大学任元彪老师专门研究过杜亚泉，所以我早就知道一些他的事迹。早先，我猜测杜就田与杜亚泉是亲戚，但不知究竟，后来查得一条消息："1900 年后，杜就田去上海，投奔他的胞兄、商务印书馆的编辑杜亚泉，被安排在商务印书馆编译所，先后协助编辑《动物学大辞典》和主编《妇女杂志》。"

《博物学大意》有三部分内容：植物、动物、矿物，其中植物部分包含菌类。现在，菌类早就不算在植物内了。

"绪论"中说："人之一生，有必需而不可缺者三，谓之三需，即衣、食、住是也。而成此三者之原料，不出植物、动物、矿物之外而已。"这是第一段，第二段讲世界之组成不外乎动、植、矿三者。

第三段则界定何谓博物学："植物、动物、矿物，总称曰博物。考其各物之名称、性质、种类，及其生殖功用，与动、植、矿之相互关系等理者，曰博物学。博物学中之趣味甚多可知矣！"

以今天的眼光看，世界之组成当不止动、植、矿这三类，在有机界除了动物、植物外还有更多种类的其他生物。不过，大体上讲，那样讲也不太离谱。博物学主要以这三类事物为研究对象，涉及名称、性质、分类、繁殖等。特别应当指出的是，上述定义中还提到了博物学要关注横向联系，即三者之间的关系，这涉及生态学与世界系统的观念。

接下来此书开始讲"花"。以梅为例进行讲解："梅花开于早春。未开之先，其形尚小，名之曰蕾，其色或白或红。此蕾经数日后渐渐放大，为初开之花，片片相叠，继乃放开如丙（指书中图一中所示的'丙'）。以花与蕾相较，其形状大小相异，一望可知。"

接着以桃为例讲"花的构造"，以笔头菜为例讲"隐花植物"，以豌豆为例讲"花之形状"；然后是"种子之生活及其萌发""叶""叶之功用"。又以牵牛子为例讲"花之性"，以黄瓜为例讲"花之雌雄"。植物部分至此就讲完了。

书中对笔头菜的描述为："笔头菜，一名土笔。生于春日之田野间，至初夏而枯。此时其近傍多生问荆。盖笔头菜与问荆，同茎而生者也。此植物之茎有二，一曰地上茎，一曰地下茎。地下茎，年年伸长；而地

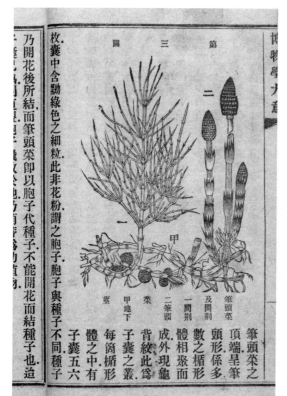

上所生之笔头菜及问荆，即其地上茎也。"（第3页）现如今，根据《北京植物志》，问荆（*Equisetum arvense*）为蕨类木贼科植物，其特征为："地上茎二形；孢子茎早春4月中下旬由根状茎上生出，紫褐色，无叶绿素，肉质，不分枝……营养茎在孢子茎枯萎后由根状茎上生出，绿色，多分枝。"（1992年修订版，上册，第6页）两者的描述几乎完全一致，所附的植物素描图也差不多，反而《博物学大意》的图更好些。

动物部分讲了蜂、蝶、蚕、蚊、浮尘子。下面又穿插讨论植物和动物，最后则是矿物和岩石：稻麦、松、蜘蛛、蜈蚣、虾、鸡、燕—雁—鹭、蛇、蛙、鲤、乌贝—章鱼—乌贼、沙蚕—蚯蚓、海绵、珊瑚—海葵、蕈霉、果实及种子、果实—种子及胞子之散布、落叶及叶芽、茎及根、茎及根之作用、土壤、马—牛、猫—犬、兔—鼠、体温、煤—火油、金—银—汞、铁—铜—铅—锡、方解石—灰石—大理石—石钟乳—白垩、花岗石—石英—长石—云母、岩石—水成岩—火成岩，最后是"结论"。

"结论"部分阐述了上述各种东西在自然界分类系统中的位置。自然界分出无生物界和生物界，前者相当于矿物界，后者包括动物界、植物界。动物界中包含海绵类、腔肠动物、环虫类、节枝动物、软体动物、脊椎动物。植物界包含隐花植物和显花植物。隐花植物中包括藻类和羊齿类，显花植物中包括裸子植物和被子植物。被子植物中又分单子叶类和双子叶类。

公正地说，这本小册子的编写是很讲究的，也很实用。全书不讲抽象的理论，而是通过有效的举例来阐述自然物的分类体系，所举的例子均尽可能与百姓日常生活贴近。

一百年过去了，若干知识点有了一些更新，大部分内容却没有变化。那么，一百年后的百姓是否比那时的百姓更了解相关知识呢？这很难说。这期间百姓受教育程度显著提高，但是博物学教育并没有明显改进，甚至可以说还有退步！

难道《博物学大意》所述内容不重要，与普通百姓无关吗？非也。

相比于大爆炸宇宙学、DNA 双螺旋结构、遗传密码、黑洞、原子弹、计算机，这些博物学的内容依然与人生密切相关。我在想，《博物学大意》重印一遍，会不会有读者呢?

4.2 来自日本的《博物学教授指南》

《博物学教授指南》作为自然科教学参考书之一，由商务印书馆于戊申年七月初版，中华民国十四年（1925）三月三版。英文题目为 *A Guide to Teaching Natural History*。原著者日本山内繁雄、日本野原茂

《博物学教授指南》扉页

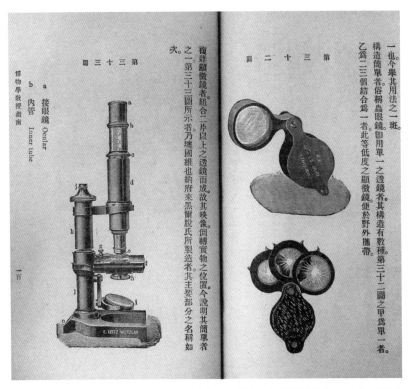

《博物学教授指南》所示显微镜：右侧两图为虫眼镜，今天我们称它们野外用放大镜，左侧为普通显微镜。

六，译述者武进严保诚、闽县陈学郢、绍兴杜亚泉。此书中博物学的范围包括三部分：（1）动物；（2）植物；（3）岩石、矿物。可见博物学的含义与前书相似。

从目录上看，第一章：学校；第二章：教室；第三章：博物标本器械室及准备制作室；第四章：庭园；第五章：标本之采集制作及保存法（在此之下分三小节：动物、植物、岩石矿物）；第六章：器具器械药品；第七章：微物标本制法；第八章：显微镜用法；第九章：截片器用法。

开篇讲学校选址，看似不合题，其实很有意思，也值得我们省思。"学校之最要者，为其位置及校地之面积。学校宜设于高燥闲雅开豁之处。不特适于博物教授，即就教养生徒及智育德育体育言之，亦为至要之事。故政府颁定学校之建筑规则，于位置面积等，宜特别加注意。"四川汶川大地震，许多中小学校舍首先损毁，一个个小生命惨死于劣质建筑的瓦砾之下。这场悲剧可能提醒人们，再穷也要把校舍建得好些。

《博物学教授指南》在第一页还提出校园应当建立动物园、植物园："至于教授博物所特宜注意者，为略备教授需用之几许动物植物矿物岩石，而饲养之栽植之配置之。宛然于学校之内，造一小天地，构一小乐园。使生徒得知各物相互之关系，解自然之理，生爱敬之心，得施真正之教育。"建动物园，麻烦比较多。但建立或大或小的植物园倒是可行的。君不见剑桥大学、牛津大学都有自己的植物园，哈佛大学还有一个物种极为丰富的阿诺德树木园。前两者我仔细参观过，相当不错。国内不是声称建立世界一流大学吗？北大、清华倒是应当联合起来，建立一个共享的植物园。与圆明园合作是一个较理想的选择。顺便一提：1906年威理森（Ernest H. Wilson）[1] 受雇于哈佛大学阿诺德树木园，在中国为其收集植物种子和植物标本。1910年威理森

---

[1] 现在通常译作"威尔逊"。按老规矩，还是写当年他本人认同的中文名"威理森"较合适。

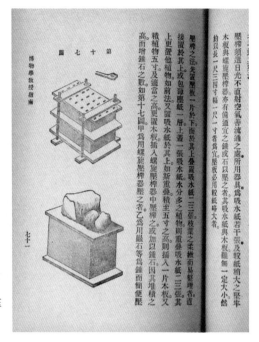

《博物学教授指南》所示植物标本压制方法。

由美国返回中国再次为其采集。1924 年，洛克（Joseph Rock，1884—1962）为这个植物园在中国做着同样的事情。

4.3 陈兼善著《中学校之博物学教授法》

《中学校之博物学教授法》于中华民国十四年（1925）十二月初版，编纂者为教育杂志社，发行者为商务印书馆。教育丛箸第 50 种。此"丛箸"共 86 种 100 册,其中第 1 种为《新学制的讨论》,第 18 种为《社会教育与个性教育》,第 19 种为《教育与德谟克拉西》(即教育与民主),第 38 种为《性教育的理论》,第 82 种为《变态心理学概论》。

《中学校之博物学教授法》是两篇论文汇编,内文均标出陈兼善著。第一篇为"中学校之博物学教学法",第 36 页标出写作时间地点为"十一、六、一于吴淞"。第二篇为"高级中学生物学课程之研究及其教学法",末页(第 90 页)注明"脱稿于十二、十二吴淞中国公学"。前者称"博物学",后者称"生物学",两者合起来又称"博物学",这大概反映了那个时代这些词语的含义部分重叠的特点吧,这个问题到现在依然存在。

此书开头交待了写作的缘起:"我时常有一种冥想,以为动、植、矿、生理等都要很有系统的排列,好像专门研究一般吗?又不论教那一门功课,一定要自为起讫,使学生知道读完了这一种,学过了那一科么?这几年来,因为这两个疑问,于是对于博物学底教授上要想提出两个改革的方针,第一应打破向来博物学教科书的系统,第二应设法引起学生有进一步研究的心向。恰巧有一位朋友写信告诉我说,北京有许多人正在计议学制改革以后各科教授底时间如何分配等琐屑的问题,我读了这封信后,好象用了兴奋剂一样,就打起精神把我的意见写在后面,请阅读者赐以批评。"

陈兼善认为旧式的教育违背博物教授的本意,先生共指出四方面的缺点。第一点是"书本上的博物教授"。"仅就博物一科而言,总没有用全国一律的教科书的理由罢。因为一地有一地的物产,决不象文字数理等等各处都是一致，所以不妨用同样的教科书。在我个人的意思，以为教博物应该自学校周围所常见的东西讲起来，决不赞成拿了教科书按步［部］就班的教法。"（第3页）考虑到现在常讲的地方性知识、本土知识，陈先生那时的见解很是重要。

第二点是"教室内的博物教授"。"博物是一种叙述自然界现象的科学，像老先生们磨练八股的做法，一定不会收成效的。或者简直远不如磨练八股来得有效呢，磨练八股至少自己也得想点意思瞎凑几篇，在教室内讲博物，除了考试外，学生平时只有仰望着头听教师讲授，连思索都用不着了。"（第5页）现在的中学和大学教育（不限于博物类），仍然有这个毛病，重视书本知识和理想状况，忽视现实问题。

第三点是"抄袭的博物教授"。这一点是针对当时教科书大多是直接翻译洋人教科书而言的。作者并不笼统反对翻译。"以科学这样幼稚的中国"，用洋人的科学书是可以的，但不可完全照搬，特别是其中的例子，最好换成中国本土的，以便于学生理解。

第四点是"专门式的博物教授"。"博物教授中最大的毛病，就是注意于专门的预备而没有留心到授与普通智识和引起研究的兴味。一讲植物学，总是分形态、生理、分类三部分；一讲动物学，就是列举各纲各目……特征，并且说这种昆虫的触角怎样，那种昆虫的腹部几节。讲生理则详于构造而忽于卫生，讲矿物则重在结晶和各类矿物底硬度、吹管分析等性质，而于矿物之成因、地层之构造等等，都没有提起。"作者的确提出了一个需要关注的问题：在知识与兴趣之间如何权衡？知识是海量的，兴趣却不是无限的。对于博物，兴趣永远高于具体的知识，虽然我们时常为了芝麻大的不肯舍弃的知识点而埋葬一个又一个年轻人的兴趣。知识增长与兴趣的关系应当慎重维护，协调推进。做得好，相辅相成；做得不好，知识变得无趣，而没了兴趣，就更不会主动寻求知识了。

在第二部分，作者批评了粗浅的集邮式工作，建议前进一步而传授生物学："博闻广见——多识鸟兽草木之名——这是十八世纪以前研究博物学底一个态度。中国从前教授动植物学也不过如是而已；所以有人说：这样的生物学何异乎收集邮票、珍藏古迹？如其只是收集邮票、珍藏古迹一般的教授生物学，试问学生能够得到多大益处？无论在学生本人的思想上，或者学生将来事业的帮助上，都是漠不相关的。"

不过，浅层博物与生物学这两者是连续的，不可分的，前者是重要的基础。不能觉得前者肤浅，便把它抛弃了。实际上，博物学并不只局限于前者。陈兼善在下面述及许多生物学探究，也基本属于博物的范畴：

> 我想现在所谓生物学，为我们所提倡著学校中应该加授的，因为就它对于学生本人的思想上，有莫大的训练上的价值。生物学中论动植物之种类，往往取一两个体为代表，譬如以兔代表哺乳类，以蛙代表两栖类，以蝗虫代表昆虫类……。学生知道了这一个代表的动物，就可以推知其余，这可以使学生发生基形的观念（type concept）。得到

了基形的观念，这要进一步拿这个基形和其近似的种属相比较，例如拿蝗虫和别的昆虫相比较，拿龙蝦和别的甲壳类相比较，更进一步就拿蝗虫和龙蝦比较，一方可以知道蝗虫所代表的昆虫类和龙蝦所代表的甲壳类有许多的显然不同之处，同时在他方又可心晓得昆虫类和甲壳类虽在某某点大不相同，而在某某点又有类似之处，其结果遂知道这两类根本是同属于节足动物门的，从此，学生可以知道分类和比较的原则（classification, comparative principle）。研究生物学，不仅在形态一方面，有了某种形态，同时还可以知道它有某种机能，而有某种机能时，必定适宜于它所处的环境，于是从种种方面考察之结果，所谓分工、合作以及协和等原则也可以知其大概。至于生命底继续，生物底进化等等极重要的原理，更为其他科目中所讲不到的，应该从研究生物学上给他一个很明了的观念。所有这些重要的观念，在学生思想底锻炼上，都有重大的功效；教授生物学的人，决不能忽略过去；无论在实验或讲解或平日的问答间，都要刻刻注意到才好。（陈兼善，1925：39—40）

陈兼善出版《中学校之博物学教授法》时 27 岁。至此我始终没有透露作者的底细。陈兼善何许人也？他是位了不起的大人物，中国鱼类学奠基人之一，著名动物学家、鱼类学家和科学传播家。

陈兼善 1898 年出生于浙江省诸暨县店口镇，1921 年毕业于北京

《中学校之博物学教授法》扉页　　　《中学校之博物学教授法》第 1 页

高等师范学校博物部，1925 年任广东大学（后改名为中山大学）动物学系讲师，1927 年升任教授。1931—1934 年受中山大学朱家骅校长委派赴法国、英国从事鱼类研究。1945—1956 年任台湾博物馆馆长兼台湾大学教授、总务长、训导长。1956—1972 年在台湾东海大学任教。1972 年赴美国定居。1979—1982 年回大陆，在北京邂逅老同学童第周，开始在中国科学院南海海洋研究所任名誉研究教授，后任上海自然博物馆一级研究员，1988 年 8 月 1 日 在上海逝世。先生的著作主要有《台湾脊椎动物志》《鱼类的演化和分类》和《英汉动物学辞典》，还有大量普及性著作，如《史前人类》《进化论浅说》《遗传学浅说》《进化论

《中学校之博物学教授法》所列高级中学应当开设的博物类课程

纲要》《新中华生物学》《人类脑髓之进化》《气候与文化》等。

我手边还保存吴起朋编写的《初中博物学题解》，分动物学、植物学和生理卫生三册，由湘芬书局印行，1941 年初版，1944 年再版。举一例：萼有何作用？答："1.保护花蕾及果实，例酸浆及茄。2.造成果肉，例如梨。3.引诱动物，例如石榴之萼呈鲜红色，能助花冠之美。4.散布种子，例蒲公英之冠毛。"

这些书一问一答，有点像今日的考前辅导书。它们还真是为考生准备的，植物一册的后面附有湖南二、三、四、五、六届会考初中生物学（此处没有写"博物学"）试题。

4.4 上海《博物学杂志》

　　《博物学杂志》民国三年（1914）十月出版，编辑者吴县吴家煦，编辑所中华博物学研究会，发行者文明书店（上海美租界甘肃路），印刷者文明书局（上海四马路棋盘街），总发行所文明书局，分售处包括北京琉璃厂、天津大胡同、奉天鼓楼北、广东双门底、苏州察院厂文明分局。甲寅夏季第一期，本期封面题名人为栩缘。栩缘乃晚清民国年间著名学者、藏书家、书画家王同愈（1856—1941）的别号。

中华博物学研究会《博物学杂志》
创刊号

《博物学杂志》创刊号吴冰心写的"序例"

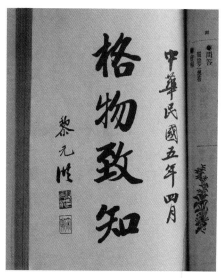

《博物学杂志》一卷三期中黎元洪的题字

　　黄炎培为杂志的出版写来祝词："民国纪元二年，吴子冰心凌子文之集其同志，创为中华博物研究会，期年告成，遂有博物学杂志之作，于其发刊，致词为祝。"

　　从目录就可以看出，此杂志内容十分丰富，可谓真的"杂志"。栏目有：图画、论说、研究、教材、专著、译述、丛谈、文苑、小说、书评、问答、调查、会报、补白。其中"论说"栏刊出薛凤昌的"中华博物学源流篇"和吴元涤的"论自然界中人类之位置及其始现之时代"；"研究"栏刊出薛德焴的两篇文章"我国扬子江产淡水水母之一新种"和"绦虫究为群体欤抑为个体欤"，以及吴冰心的"滋养品白木耳之研究"；"小说"栏刊有吴冰心的博物小说"鸟语"。吴冰心在

"博物学杂志序例"中，就杂志的 12 个专栏一一解释。比如，"物类无尽，充塞宇宙，形态各殊，觌值匪易，学校之园，博物之馆，搜集富赡，足资观感，崇山深海，动植滋生，或经解剖，缕析条分，摄影写生，插诸卷首，诠图画第一。理奥义精，后学茫昧，抉微昌言，发人兴会，博物智识，于焉普及，诠论说第二。学问之道贵乎专一，锲而不舍乃多心得，笔之于书，群获其益，或怀疑问，质诸众人，磋磨互证，同止至善，诠研究第三。神州沃壤，物类繁昌，蕞尔东邻，非可几及，随时采编，用资教授，稗贩东籍，弊庶或免，诠教材第四。禽经蟹録，芋纪石谱，古人遗著，咸多散佚，亦有专家，著述成帙，藏

《博物学杂志》二卷一期封面黄炎培题名

《博物学杂志》二卷一期吴元涤的文章

诸名山，未付梨棘，搜而辑之，充备参考，诠专著第五。"创刊号中的这类说明，在当时应是一种惯例，四年后国立武昌高等师范学校创刊的《博物学会杂志》，也做了类似说明。

吴冰心在发刊词中阐述了博物之学在中土的渊源："博物之学，盖兴于上古。孔子作《易大传》曰，庖牺氏之王天下也，仰以观于天文，俯以察于地理，观鸟兽之文，舆地之宜。近取诸身，远取诸物。固已，举博物学之全部而括之，于数言之中。暨夫神农本草之经，则于金石鸟兽虫鱼草木蔬果，一一分别其品性色味而差等之。伯益之志，则并及海外大荒之境，名葩嘉卉、珍禽异畜、炎山冰谷、甘渊息壤，或详其形状，或纪其方位，瑰玮诡谲之观，非复域中所局局。上之以通德类情，下之以制器尚象，般般焉，首首焉，先民之业于斯，为大矣。周之盛时，自卿士大夫以至闾巷颛愚乡野妇女，靡不讬兴。山川极命草木，𬨎轩所采著于风诗，而公旦以多才多艺之躬。"

《博物学杂志》第一卷第三期封面题名为清道人。清道人即李瑞清（1869—1920），著名的书画家、教育家，其书法"秀者如妖娆美女，刚者如勇士挥椠"，张大千、胡小石、黄鸿图均是其弟子。本期卷首刊出了黎元洪（1864—1928）的题字"格物致知"，时间为民国五年四月。黎元洪热心教育，当过三次副总统两次总统。这期上的文章包括"孔门地理与博物合教篇""征集金石小启""鸡腹生蛇之实验报告""铜官山矿石分析报告""本会收支报告"等等。

《博物学杂志》第二卷第一期封面题名为黄炎培（1878—1965）。沈恩孚（1864—1949）卷首题词："荡荡坤舆富天产，莘莘学者广菟

（qián，同"前"）闻。遗经远溯神农氏，进化当师达尔文。"许沅卷首题字："利用厚生"。这两位皆是当时社会名流。这期上的内容主要有"古代各种龙图""世界石油史略""地史时代之生物观""螺壳上之生物""豆根瘤菌与豆之研究""虾与蟹之比较解剖""牛首山采集旅行记""植物学名词第一次审查稿"。

4.5 武昌《博物学会杂志》

国立武昌高等师范学校博物学会的《博物学会杂志》，中华民国七年（1918）六月十日发行。第一期内容中：第一部分"发刊词"3 篇、祝词 2 篇；第二部分"论说"共 2 篇；第三部分"讲演"共 7 篇；第四部分"报告"共 5 篇；第五部分"翻译"共 3 篇；第六部分"杂纂"共 9 篇；第七部分"会务"共 2 篇；第八部分为"图画"。本册插图有 4 种：植物实验摄影、四不象、湖北大冶县石灰窑产方解石、蝎之解剖。

本册目录页后刊出《国立武昌高等师范学校博物学会杂志简章》，其第四条讲此杂志包含的"门类"（相当于"栏目"）：图画、论说、演讲、报告、译著、杂纂、会务。薛德焴在发刊词中对此一一说明："有物焉，图以像之，了如指掌。实验解剖，尤赖图象。列图画第一。或溯事因，或穷物理，各抒心得，笔之于纸。列论说第二。学不私其所得，宣之以言。教欲知其所困，端赖评论。列讲演第三。百闻不如一睹，故学尚游历，登高行远，则一草一木，皆资考绩。列报告第四。维彼学说，渺无涯涘，哲理名言，我闻如是。博探宏搜，周知四国，画地自封，徒滋眩惑。列译著第五。皇皇大言，故能启智，而单词片语，碎锦零纨，亦足以博闻而广识。列杂纂第六。国有史而家乘，纪兴废也。我会成规，依期登载。后有作者，津梁宛在。列会务第七。"

张渲的发刊词为："地大物博，惟我之邦。自灭自生，我邦之物。历世千百，几没弗彰。邦人不智，物也何尤。货恶弃地，古垂明训。地不藏宝，理有固然。辨别认识，是在吾党。论次所知，敢诩精详。"

薛德焴在发刊词讲到博物学在当下的作用："惟博物学之沦落久矣。才俊之士哆口谈学术者，不外文章政治法律数端。回顾理学一途，长夜

国立武昌高等师范学校博物学会《博物学会杂志》　　　《博物学会杂志》收录的四不像（麋鹿）图

沉沉，暗黑如故。晚近欧风东渐，学者知一悟空谈，不足与列强相竞。乃稍稍留意于科学，尤以博物为根本的学术，故学校中更重视之。盖茫茫禹域，地大物博，耳闻目见者无一非物。区其种类，究其性质，然后物为我用。固救贫救弱之先务也。"姚明辉在第三份发刊词中谈到中国古代延续不断的名物谱录与西方之博物学有内在关联，并讲了道、器、德、艺可以相通，笃学之士自能由此及彼求得四者之间的通达。

刘凤麟写下了美好的祝词："太极造化，万物权舆。芸芸竞存，消长盈虚。静观默识，天演何止。一物不知，儒者之耻。江城师友，学术仔肩。欲广其传，贡献斯篇。绍李时珍，纲目愈精。继达尔文，进化尤新。发聋振聩，藉带苦口。教泽所被，不胫自走。"

薛德焴撰写的"四不像之名称及现状"，作为重头文章，刊在"论说"之首。四不像，即麋鹿。"降及清末，内乱外患，相继而起。而我国之四不像，亦竟与清室以俱亡。其幸而免者，受西人保护以延其残喘。回首宗邦，仅有其名，已无其实。以我国之大，尚不能保护四不像这一种动物，不亦大可哀乎！我敢大声疾呼以警告国人曰：四不像者，我国国粹之一也。热心国粹之君子，曷赴欧洲，设法逆输，使其再履旧土，扬我国特产之光华，并为东亚天地留一天然纪念品也可。"这是 1919 年发出的呼吁，1985 年麋鹿终于重返故土。英国驻华大使高德年曾风趣地用中文这样说："麋鹿曾因迷路到了欧洲，现在终于顺利还家了，祝愿它永远不会再迷路。"1865 年，法国传教士、博物学家谭卫道（Armand David，1826—1900）打听到北京南池子养有 120只麋鹿，于是贿赂管理员，搞到三只活体和两张皮，运回法国（曹增友，1999：289—290）。法国动物学家米尔恩 - 爱德华兹（Henri Milne-Edwards，1800—1885）第二年以谭卫道的名字将它命名为 *Elaphurus davidianus*，在国外俗称 David's deer。

另据悉，乾隆皇帝曾写下两篇博物学杂记：《鹿角记》和《麋角解说》，在后者中关于麋鹿的角何时脱落，乾隆纠正了自己在前一篇中犯下的一个错误。先前他曾说："月令，仲夏鹿角解，仲冬麋鹿解，今木兰之鹿与夫吉林之麋，无不解于夏，岂古之麋非今之麋乎？是不可得而知矣。"后来进行了修正："壬午为《鹿角记》，既辨明鹿与麋皆解角于夏，不于冬，既有其言而未究其故，常耿耿焉。昨过冬至，陡忆南苑有所谓产者，或解角于冬，亦未可知。遣人视之，则正值其候……持其已解角以归。乃爽然自失曰：天下之理不易穷，而物不易格者，有如是乎！"乾隆勇于承认错误，值得学习。致力于博物，不犯错误是不可能的。博物学大量使用比兴、类推，有助于发现，但也要注意"人算不如天算""世界真奇妙，事后才知道"。这也正是大自然如此令人着迷的原因之一。

4.6 北京《博物杂志》

《博物杂志》由北京高等师范博物学会出版，属校级刊物，中华民国八年（1919）九月第一期，英文名为 *The Magazine of Natural History*。目录前的"本会启事"中说："本会一期杂志原定于八年暑假前出版，后以五四六三运动纷至沓来，未能兼顾及此，因循至今始匆促印就尚乞读者诸君辩证谅之。"其中还提到"本志自第二期起，拟一律改横行每页十二行，每行十六字。"

栏目设计与前述同类杂志极相似，包括祝辞、论说、研究、演讲、报告、译著、杂纂、会报。陈宝泉的祝辞中先讲了三件事：英国人达尔文提出物竞天择、优胜劣败新学说，对世界各国宗教、政治、社会影响巨大；俄国人克鲁泡特金又提出"互助"思想，此次欧战结果印证了克氏的思想。"达氏竞争之说，几屏息于一隅"（这是当时许多中国知识分子一厢情愿的想法）；高尔顿等倡"人种改良学"（即优生学），未有定论。接着把话题转到博物杂志上来。"兹三者要不过治博物科中

北京高等师范博物学会之
《博物杂志》，创刊号封面

之一部，而一旦出其所得，其影响于一时思想界、人事界已若是其大。况自实业上言，农工商矿水产之振兴，均必由是求之，其关系之钜，已可想见矣。"

再下来，讲中国古代博物与当代博物之关系。大意是，我们起步早，但目前落后。"我国博物一门，虽萌芽甚早，然其后或者笺释草木虫鱼，或割裂山经地志，乐为幽夐迷罔之筹辞，故多危妄不根之说。视今日治博物学者，按科学的方法，用采集、观察、类别、实验诸手续以研究者，不可同日而语矣。自科举废、学校兴，博物始列为专科。然最初仍不过恃数幅之挂图，数十页之讲义而已。年来关于博物学会之组织，博物书报之发行，均逐渐出世，视前此已大著进步。虽然，与诸文明国较，仍瞠乎后矣。"

此期杂志刊出了北京高等师范博物学会会员合影。着深色上衣者5人，坐前排中间，合影者共计54人。

民国期间，博物学在师范类学校中有较好的发展。

4.7 成都《博物杂志》

《博物杂志》由国立成都高等师范学校创办，民国十一年（1922）一月向楚为第一期封面题名。第一期栏目为：发刊词和题辞、论说、研究、调查、讲演、译述、杂俎、汇报。与前述杂志相似。

在"论说"栏，秦翊化的文章"中等学校应如何增进博物学科的

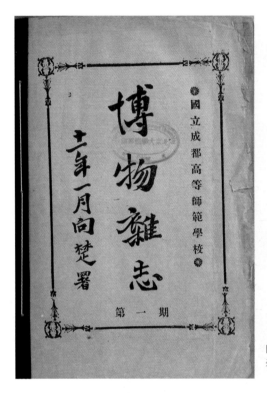

国立成都高等师范学校《博物杂志》创刊号封面

效率之商榷"中谈到博物教授之目的:"(一)使明了自然物及自然现象;一面求多得博物学上之知识,一面为他日深造之基础。(二)使了解自然物及自然现象与人类社会生活之关系,并其得用之道。(三)涵养审美及爱好自然之心。(四)练习感官;发达观察、判断;思考诸能力。"此文还讲述了旧式博物分科为四:植物、动物、生理、矿物,讨论了其间的可能归并、演变。

4.8《北平博物杂志》

　　北平博物学会和燕京大学生物系出版了全英文刊物《北平博物杂志》（*Peking Natural History Bulletin*）。以 1939 年 3 月号为例，中文刊名由右至左排列，内文与现在的期刊一样，由左向右排。封面由近代著名教育家和中国基督教思想家吴雷川（1870—1944）题名。标出的主编为燕京大学生物系 Chenfu Wu 博士，又经查找，其全名为 Chenfu Francis Wu，是哪位吴先生？错了！原来他就是著名昆虫分类学家胡经甫（1896—1972）先生！胡先生 1922 年获美国康奈尔大学哲学博士学位，他编著的《中国昆虫名录》为中国昆虫学巨著，收录昆虫 25 目、

1939 年的一期《北平博物杂志》封面（局部）

392 科、4968 属、20069 种。胡先生 1955 年被选为学部委员。

"致作者"栏中指出,"《北平博物杂志》刊登对动物、植物与矿物三界之自然物进行系统研究的论文,包括形态学、组织学、生活史、生态学、胚胎学、遗传学、分类学方面的研究,以及与中国境内动物群、植物群或任何自然物有关的技术。"

本期共刊出 5 篇研究论文。第一篇作者为丁汉波(Hanpo Ting,1912—2003)和博爱礼(Alice M. Boring,1883—1955),研究内容为中国蟾蜍。丁汉波 1936 年毕业于燕京大学生物系获学士学位,研究专长为两栖爬行动物分类和胚胎发育。解放后曾任福建师范大学副校长、兼生物系主任。博爱礼是美国人,摩尔根的学生,当时她为燕京大学教授。

第二篇和第三篇文章都是研究周口店古人类方面的论文,前者作者为德国解剖学家和人类学家魏敦瑞(Franz Weidenreich,1873—1948),当时为北平协和医学院的访问教授;后者作者为裴文中(W. C. Pei,1904—1982),1926 年毕业于北京大学地质学系,1931 年主持山顶洞人遗址发掘,1955 年当选为学部委员。

第四篇的作者又是丁汉波,研究的是青蛙两个种的杂交。

最后一篇是燕京大学张宗炳和林昌善合写的昆虫学论文,篇幅很大,达 32 页,包括 6 页 69 幅绘制清晰的昆虫素描图。

这里刊出的文章都是专业性科学研究论文,不是科普性质的。

归纳一下本章相关内容,有如下几点结论:(1)新中国成立以前中国社会存在大量博物学方面的书刊。(2)"博物""博物学"字样很普通，在各级教育系统中均占有一定地位。(3) 博物学与 natural history 对应，在民国时期是常识，不存在争议。(4)"博物"字样并不必然与普及挂钩，比如《北平博物杂志》就是专业性的研究期刊，当时知名学者在上面用英文发表论文。(5) 民国期间"博物学"在中土的流行的确与中日文化交流有关，但不能说博物学只来自日本，因为日本当时的诸多学问也是输入的。正如中国人学习的数学、理化、医学、政法、经济等也大量从日本转手（有些汉译名词也直接借用了日本汉字），但不能说它们皆是日本的东西一样，我们也不能说博物学只是日本货。(6) 许多名人（科学界与非科学界）支持过博物学的研究与传播。(7) 那时与博物学有关的民间组织比较发达，多种多样，分布较广。

后来博物学不见了。先从各级教育中消失，这与多少年来教育目标的定位有密切关系。然后，整体从社会上退隐，原有的博物学期刊绝大部分关门，中国似乎不需要博物学了！

教育要改革。有时，"该改的没改，不该改的却改了"。教育，是要培养全面发展的人，还是要培养单纯的工具？这些问题搞清楚了，博物学的地位问题才有可能解决。

博物学、科学传播与民间组织

你看到什么就获得什么。

——狄勒德（Annie Dillard）

我们迷恋工业在供给我们的需求，却忘记了是什么在供给工业。早已到了教育向土壤靠近，而不是偏离土壤的时候了。

——利奥波德（Aldo Leopold，1887—1948）

长浆果的地方本身就是一所大学，在这所大学里，不用听斯托里、沃伦和韦尔耳提面命，你也能学到永远不会过时的法学、医学和神学知识，田野比这些哈佛大学教授不知强多少。

——梭罗（Henry David Thoreau，1817—1862）

相比于抽象的数理类科学，博物类科学形象具体，界面更为友好。不喜欢数学、物理的大有人在，但不能说他们都不喜欢科学。他们可能只是不大喜欢科学中的某些部分。《中国国家地理》杂志执行主编单之蔷先生本科在吉林大学是学中文的，虽然也曾从事过数学教学，但他骨子里不是很喜欢数理；他热爱地理科学，如今科学传播做得有声有色。一种错误的观念认为，数理类科学因为更严格，所描述的世界图景便更真实，实际上不一定。比如，"亩产万斤"的论证并非出自博物类科学家。

或许，可换一种不"得罪人"的说法：博物类科学所刻画的世界图景同样真实、生动、有人情味。数理类科学与博物类科学都是人类理解世界的工具（刘华杰，2010：17—23），前者在科学传播中已经得到重视、得到媒体一次又一次的炒作（如《时间简史》），比较而言我们对后者的关注不够。坦率说，《万物简史》也要比《时间简史》好读得多。

中国已经向小康社会迈进，博物类科学在百姓中有较大的实际需求，它应当成为民众休闲活动的一部分。公众参与一些科学相关组织的活动，虽然有主动接受"科普"的成分，但科普或许并非直接需要或者主要需求，他们可能只是想让自己的生活变得更丰富、更有趣一些。中国政府一向重视科普，但有关部门也常感到科普没有较好的"抓手"，甚至抱怨公众没有积极性。科普的生命在民间，从鼓励、资助各类博物类民间组织的成长入手，政府可以引导全社会做科普。

5.1 博物类科学应当优先传播

在各种科学当中，博物类科学应当优先传播。第一，博物类科学界面友好，不远离直观、日常经验。博物类科学不主张过分还原，重视宏观层次的系统关联。植物、昆虫、鸟、地质、地理等内容相对容易传播，而微积分、量子力学、张量分析、量子场论、弦理论、生物化学、分子生物学等则极难传播。第二，博物类科学与百姓的日常生活关系密切。它们特别是与环境、资源、自然保护有直接联系，加强博物学传播有助于重塑人与自然的友好关系。第三，公众容易直接参与博物类科学，直接为"地方性知识"的累积作出贡献。这种参与通常不需要购买特别昂贵的仪器。公众参与的许多环境监测和物候记录等工作，还可以补充职业科学家的研究。此种参与，也有助于培养公民的亲知能力，面对科学大厦不至于沦为一味倾听、道听途说。第四，由于门槛低，博物类科学可以作为一个"缓冲区"，起到沟通桥梁的作用，有可能把一小部分有兴趣、有能力的人引入还原论科学、专业科学的探索中去。第五，博物类科学有可能减弱胡塞尔所说的"科学危机"（刘华杰，2010：64—73）。这一条也非常重要，因为目前高歌猛进的科学技术，确实有异化的危险（江晓原、龚丹韵，2011.03.03；阿里巴巴，2009：256—260）。

随着经济和社会的发展，中国已经逐步进入小康社会，人们前所未有地拥有了更多的闲暇。在相对富裕的社会里，人们如何学会健康、高雅、幸福地生活，需要专门研究。而博物学在此可以发挥其重要影响力。在维多利亚时代,博物学曾是英国绅士阶层的一种体面的活动。我们并不羡慕那个时代绅士的所有作为,但生活得体面、有尊严、有品味则是超越时代的共同价值追求。对于一部分热爱大自然的人而言,甚至可以考虑"博物学生存"(刘华杰,2010:35—42)。

"博物学生存"与"数字化生存",都只是某种强调,人们不可能单靠其一而实际存活下去。中国社会的发展已经到了考虑迎接"平民博物学"的时代了(林丹夕,2011.01.13:A04)。

5.2 民间组织的作用及若干博物学组织简介

科学在其发展史上有小科学和大科学之分,博物学在发展中也涉及"从业者"组织状况的问题。个体只要有好的心境,放下包袱,走进大自然,独往独来,也能有不错的收获。比如,徐霞客、怀特、梭罗。但是,就普通人而言,寻找志同道合者一起感受、探索、参悟大自然,可能是更好的修炼方式。

人是社会性动物,独乐乐不如与人同乐,即使伟大的博物学家吉尔伯特·怀特也不例外。怀特于 1767 年 8 月 4 日写道:"对博物一道,我自小就着迷,但不幸邻居中,素无因学业之故而用心于此者;无同好以相砥砺,难免身懒而心粗,进步之小,是可想见的。"(怀特,2002:48)幸好他与当时的两位知名博物学家相识,那就是本南特和巴林顿,名著《塞耳彭博物志》就是写给这两人的书信结集。

在博物学发展史上，博物学家从训练、成长，到做出成就，一般都与一些俱乐部、民间组织有关系。在今日的中国，博物学普及较差，也与相关民间组织欠发达有重要关系。

下面简略介绍若干博物学民间组织，大部分材料是从文献中编译、翻译过来的，供大家参考。

5.2.1 美国青年博物学家学会

据本森（Keith R. Benson）提供的材料，美国西雅图专业博物学的肇始可以追溯到 1879 年。在这一年当中，一伙完全没有训练的年轻人建立了一个组织：青年博物学家协会（Young Naturalists' Society）。此组织迅速成长，不久就成为该地区博物学考察的一个重要机构。此组织的活动包括：大量采集标本，与全美各地的博物学家交换标本，组织海洋调查，通过讲座向大众开展教育，传播科学知识，举办公开展览，撰写报刊报导，组织"社淘客"（Chautauqua，以纽约州的一个湖来命名，指一种民间成人教育活动）等等。

当此组织的工作变得越来越专业化时，它与华盛顿大学自然就建立起了较强的联系。到了 1890 年代中期，已经很难将大学举办的博物学与青年博物学家学会所做的研究加以区分了。最终，学会解散，其成员被大学的各个自然科学系和华盛顿州立博物馆所吸收。青年博物学家学会的重要性体现在，在西雅图职业博物学共同体的发展当中，扮演了关键性的角色。（K.R.Benson，1986：351-361）

5.2.2 英国皇家鸟类保护学会

英国皇家鸟类保护学会（The Royal Society for the Protection of Birds，简称 RSPB）这个组织最早是为了抵制鸟羽贸易而创立的。欧洲上流社会曾兴起一种时尚，妇女喜欢用美丽、珍稀的鸟羽来装饰帽子，此举最终导致越来越多的鸟类遭受猎杀。《海鸟保护法案》（1869）和《野鸟保护法案》（1880）虽然相继颁布实施，但仍然没有改变维多利亚时代女性头戴鸟毛的时尚。1889 年"鸟类保护学会"成立，起初其成员完全是女性，她们呼吁改变陋习，保护鸟类。一些

英国鸟类保护学会(RSPB 前身)
首任主席六世波特兰公爵夫人
画像

潜在的鸟羽消费者成了协会的坚定支持者，比如六世波特兰公爵夫人（Duchess of Portland）成了首任主席。剑桥大学动物学教授纽顿（Alfred Newton，1829—1907，于 1858 年建立英国鸟类学家联合会 [British Ornithologists' Union]，于 1859 年创办国际鸟类科学杂志 *Ibis*）等知名学者的加入，推动了此学会的迅速扩张（History of the RSPB，2011.03.01）

在学会成立 15 年后的 1904 年，此学会获得皇家特许，名称改为"皇家鸟类保护学会"。据 RSPB 网站，目前此组织会员超过 100 万人（据另一份资料，2003 年为 1022090 人），其中青年会员超过 19 万人，自愿者达 1.3 万人。2007 年此组织掌握的可用于慈善目的的款项达 7860 万英镑，约合人民币 8 亿元。RSPB 有相当的普及面和影响力，英国 2009 年人口总数为 61838154，平均每 60 人中就有一人是该组织的成员！

5.2.3 德累斯顿艾西斯学会

到了 19 世纪，世界上出现了一批平民博物学组织，哈佛大学科学史系菲力普斯（Denise Phillips）研究了其中的德累斯顿艾西斯学会（The Isis Society in Dresden）出现的社会文化背景。

18 世纪末、19 世纪初，德国城市周边的乡村在功能上已经成为城市的一部分，城乡互动非常明显。乡村为城市服务，城里的中产阶级也不断到乡村度假、观光、行走。有着广泛民众基础的博物学很自然地步入城乡结合的时代潮流中。艾西斯学会是个地道的民间组织，其创建者之一是哈泽勒（August Harzer），一位雕刻师和绘画教师，后来成为一位昆虫学家。他热衷于野外考察，喜欢阅读当地的自然手册，并在艺术圈和地方官员的孩子中有一些志同道合者。哈泽勒的旅游日记在 20 世纪初得以出版。另一位创建者是赖辛巴哈（Ludwig Reichenbach），知名博物学家、大学教授，曾担任过植物园园长。赖辛巴哈对植物分类和植物学传播很在行，他曾鼓励女士积极参与范围广泛的博物学实践。他于 1828 年出版一本《女士植物学》（*Botanik für Damen*），书中引经据典地解释女性也可以作出自己的贡献，他大胆地为学会招收新的女性成员。

博物学会的成员组织在一起，不但自娱自乐，也生产实实在在的科学知识。成员并非全是白丁，也有许多知识精英参与其中。他们组织学术报告，倡导的一些活动甚至还提供了新的就业机会，促进了地方经济的发展和文化的繁荣。

菲力普斯的文章提到几个关键词：19 世纪中叶德国的都市文化（urban culture）、中产阶级、平民博物学团体（civic natural history groups）、城市居民到乡村休闲等。这里面，中产阶级是从事博物学的主体，他们受过良好的教育，有较强的阶级身份意识，并希望通过自学和户外活动等实现自我、改善自我。当然他们首先有一定的经济实力，除了工作外，也有机会认真考虑如何更好地休闲。

中产阶级成为博物活动的主力军并非偶然，很难想象家境贫寒的群体能够大规模地参与博物学。中产阶级热衷于有一定科技成分的野外考察、自然保护、一般性户外活动等，也塑造了整个社会的文化氛围，反过来此氛围也鼓励更多的新来者加入博物的行列。

可以想到，他们所从事的活动，主体仍然是围绕城市周边的地区性博物学（regional natural history）。作为当地人，他们与外来的旅游者不同，不是一晃而过，而是反反复复地观察周围自然世界的变化。就认识论而言，这些人并不急于发展适用于全球的普遍知识，而是专注于地方性知识的积累、编目、传播。城市与周边乡村结合成一体，这些平民博物学家所积累的知识、所完成的研究工作，为区域内民众了解、热爱自己的家乡提供了必要的资料，亦有助于所参与的乡村、社区的管理和规划。（D.Phillips，2003：43-59）

从 1830 年到 1840 年代在德累斯顿兴起的公民广泛参与的地区性博物学，不断向外扩展，在德国形成了一项颇有吸引力的文化追求。用今天的眼光看，这种有着科学成分和热爱自然成分的自下而上的平民活动，其实就是公民参与科学一种很具体的形式。到了 21 世纪的今天，我们还在苦苦地寻找如何让公众参与科学。只要回顾一下历史，把眼光锁定的博物方面，重启那种在平民中有着内在积极性的博物活动，并不是一个梦。

5.2.4 波特兰博物学会

根据约翰逊（Richard I. Johnson）的文章，19 世纪上半叶美国建立了四大博物学研究机构并都出版了相应的学术期刊，它们分别是 1812 年成立的费城自然科学院（Academy of Natural Sciences of Philadelphia）、1817 年成立的纽约博物学园（New York Lyceum of

美国博物学家参议员、大法官席普莱画像，
曾任波特兰博物学会主席。

Natural History）、1830 年成立的波士顿博物学会（Boston Society of
Natural History）以及 1843 年成立的波特兰博物学会（Portland Society
of Natural History）。据 1859 年（达尔文的《物种起源》在这一年出版）
的材料，当时纽约人口数为 62.9 万人，费城为 40.8 万人，波士顿为
13.7 万人，而波特兰只有 2.1 万人。

　　缅因州的波特兰博物学会成立时有 24 名会员，席普莱（Ether
Shepley，1789—1877）被选为主席，斯托尔（Woodbury Storer）为
副主席，伍德（William Wood）任司库，迈尔斯（Jesse Wedgwood
Mighels）任通讯员，贝克特（Sylvester Beckett）为书记员。席普莱
当时曾说："大自然的法则，不过是上帝的法则，而人的法则，不过

是两者的一种反映。"席普莱还担任过美国参议员和缅因州最高法院的大法官。伍德于 1852 被选为学会的主席，任职长达 47 年，带领学会度过了不平凡的灾难期和繁荣期。（R.I. Johnson，1997: 189-196；L.M.Eastman，2006:1-38）

据约翰逊所述，学会起初的硬件设施相当简陋，只有一间办公室，位于交易街和中街交角处商品交易楼第三层的南角。1854 年这座楼毁于城市大火，学会办公点不得不转到别处。1846 年学会花费 1000 美元曾从迈尔斯那里购进一批贝壳收藏，这批标本包含的物种数超过了 3000 种，在大火中被完全烧掉。迈尔斯得知这一消息，极为痛心。波特兰学会立即重建学会的收藏和图书馆，1859 年 12 月学会的新家开放。一年前，年仅 19 岁却有着长达 6 年研究贝类经验的莫尔斯（Edward Sylvester Morse）被选为学会的秘书。1858 年 1 月 18 日他宣读了自己的第一篇论文《论科学当中贝类学的发展》。1859 年，莫尔斯来到哈佛大学，给比较动物博物馆的阿加西（Louis Agassiz）教授当助理。莫尔斯认为阿加西是当时世界上最伟大的博物学家。受雇于阿加西的两年，让莫尔斯受益终生。两年后莫尔斯返回波特兰继续为学会出力，成为学会的专职工作人员。1866 年另一场城市大火再次摧毁学会的建筑。莫尔斯组织自愿者奋力抢救标本和图书，他最后一个离开火场。大火并没有击跨学会，学会不久又在别处租房重启学术活动。1881 年新的博物馆开馆，鸟类、化石、矿物标本持续增加。藏品中海洋动物标本格外丰富，这要感谢富勒（Charles Fuller）馆长长达 35 年的工作。后来诺顿（Arthur Herbert Norton）接替富勒，从 1906 年一直服务到

1943 年去世。在 1931 年的时候，学会公开声称，这里已拥有美国最棒的地方性博物收藏。20 世纪 70 年代，学会与缅因奥杜邦学会（Maine Audubon Society）合并。

值得一提的是，在 1866 年那场大火中，莫尔斯还抢救出一幅洪堡肖像画。波特兰博物学会很敬重洪堡，称他伟大的"全能博物学家"，学会的圆形会章中用的就是洪堡的肖像。20 世纪 80 年代，洪堡的这幅肖像在缅因奥杜邦学会博物馆成为常设展品。它由怀特（Moses Wight，1827—1895）创作，诗人朗费罗（Henry Wadsworth Longfellow，1807—1882）于 1852 年请求怀特复制了一份，两年后赠送给波特兰博物学会。朗费罗是学会的终身会员。

从 1843 年到 20 世纪 70 年代，历经两次火劫，波特兰博物学会像传说中的凤凰一般浴火重生。这样一个百年博物学组织，为博物学的发展作出了重要贡献，但最终还是关门了，它丰富的博物收藏现已流落到哈佛大学、耶鲁大学、波士顿博物馆等，有的甚至被拍卖。没有人知道究竟有多少珍贵的图书散落他乡，据说有数吨重，其中包括博物学大师阿加西、洪堡、毕比（William Beebe）、华莱士、格雷（Asa Gray）、布鲁斯特（William Brewster，1851—1919）、图雷（John Torrey，1796—1873）、威路比（Charles Willoughby，1857—1943）等大师签名的图书。它几乎是被迫与别人合并，原因是什么呢？伊斯特曼（L.M.Eastman）在一篇详实并带伤感的文章中指出，原因似乎很简单：时代变了。具体讲有一系列原因，比如经费不足、会员减少、楼房要拆掉、市政府计划在原地建一个停车场等等。与奥杜邦学会合并，

美国波士顿博物学会首任主席植物学家
纳塔尔画像

倒是顺应了当时的需求。奥杜邦学会更提倡公众参与动物保护，而原来的波特兰博物学会更在乎研究和收藏。在分工越来越细的时代，民间博物组织的研究终究比不过大学和研究所。

5.2.5 波士顿博物学会

据约翰逊 2004 年的文章"波士顿博物学会的兴衰"，此学会成立于 1830 年，取代了原来的林奈学会（Linnaean Society）。林奈学会1823 年因缺少资助而关门。这两个学会的创始人是对博物学有兴趣的同一群知识分子，其中许多人是医生。他们热衷于收集、展示自然物体，他们研究标本，也关注公共教育。1830 年 2 月七位业余博物学家成立了波士顿博物学会，纳塔尔（Thomas Nuttall，1786—1859，植物学家，生于英国约克郡，22 岁移居费城）被选为首任主席，但因为他不住在波士顿，无法为大家服务，于是指定对植物学有兴趣的格林尼（Benjamin D. Greene）为新领导。早在政府于 1831 年核准学会成立之前，他们就举办了一些面向公众的博物学讲座。（R.I. Johnson，2004：81-108）

据约翰逊，波士顿博物学会的研究成果大部分发表于 1834 年到 1946 年各卷期的《波士顿博物学杂志》（*Boston Journal of Natural History*）。第一卷的论文有对昆虫、地质、贝壳、鱼、鸟的研究，多数论文发表了新种。在沃尔克（William J. Walker）的赞助下，经过 30 年的努力，一座漂亮的博物馆于 1863 年落成。学会的负责人是阿加西的学生哈亚特（Alpheus Hyatt，1838—1902），从 1870 年到 1902 年。继任者为约翰逊（Charles W. Johnson）。1946 年学会的图书馆被卖掉，学会也更名为波士顿科学博物馆（the Boston Museum of Science），从此这里也不再做博物学研究，主要面向大众教育了。

1835 年考蒂斯（Ambrose S. Courtis）把遗产 1.5 万美元慷慨赠予博物学会，这笔钱不算少，在随后的 25 年里学会的花销主要从这笔钱支出。要知道，19 世纪 30 年代时，林肯（A. Lincoln，1809—1865）的月收入是 15 美元。

5.2.6 塞拉俱乐部

美国的塞拉俱乐部（The Sierra Club）由著名思想家、博物学家、环保主义者缪尔（John Muir）于1892年创建，缪尔任会长至1914年。1965年会员3万人，1967年上升到5.7万人，1969年为7.5万人，1993年为63万人。进入21世纪，会员人数达到73万，它是美国最重要的草根环境保护组织之一。俱乐部出版多种图书、《塞拉》杂志，播出"塞拉之声"（Sierra Club Radio），传播博物学，实施大量环境保护项目，促进公众对大自然和环境保护事业的理解，推动环境立法，鼓励会员参与政治选举。（T.Woody，1993：201-205）

1960年布劳威尔（David Ross Brower）成立塞拉俱乐部基金会（Sierra Club Foundation）。

历史上塞拉俱乐部推动荒野保护、建立国家公园、反对大型水坝破坏环境（如为保卫赫奇赫奇山谷［Hetch Hetchy Valley］而反对在约塞米蒂国家公园中筑堤坝，开展基西米河［Kissimmee River］生态恢

塞拉俱乐部创始人著名博物学家缪尔照片

复斗争。这些已成为环境史的经典案例）等方面做了大量工作，引起社会各界广泛关注，在公共政策舞台有相当影响力。有许多国会议员是俱乐部成员。2008 年，塞拉俱乐部支持参议员奥巴马参选美国总统。

美国的民间科学组织实际发展得比较晚，到 18 世纪中叶费城的"美国哲学学会"（1743 年成立）和波士顿的"美国人文与科学学院"才成立，学术研究与人才培训同时进行。这些民间组织成立虽晚，但起点并不低。从欧洲移民到美国的许多知识分子原来就是科学家、博物学家（L.T. Spencer, 1986: 295-297）。那时候，托马斯·杰斐逊本人就是一流的博物学家，1780 年 1 月他加入美国哲学学会，后来在其中的多个委员会任职，参与过野外植物旅游，也宣读过研究报告。杰斐逊还部分利用这个组织，提议进行西部大考察。刘易斯（Meriwether

美国博物学家总统杰斐逊画像

Lewis）1801 年成为杰斐逊的秘书，有一定的植物学知识，是西部考察的最佳人选。1804 年刘易斯又邀请克拉克（William Clark）入伙，在杰斐逊的指导下，在美国政府的资助下，他们两位率队从圣路易斯附近的密西西比河出发西进，对美国西部进行了广泛的博物学考察。远征前，按照杰斐逊的建议，克拉克 1803 年 5 月和 6 月到费城进行了为期 6 周的博物学导论的课程训练，比如学习识别恒星、恶补拉丁语、学习植物标本压制方法等。在费城他的植物学老师是巴戎（B.S.Baron）。有趣的是，1802 年杰斐逊签署法令成立的西点军校，学员除了学习工程课程外，还要学习植物学、动物学和地质学等辅助课程。

民间博物组织的成立与运作，需要极具活力的组织者。哥伦比亚特区奥杜邦学会（The Audubon Society of the District of Columbia）1897 年 5 月 18 日在帕顿（John Dewhurst Patten）女士的精心组织下成立，那时候还没有全美奥杜邦学会，但 14 个州已有类似组织。8 个月后召开第一届年会时，注册会员已达 97 人，包括政界名人罗斯福和著名作家巴勒斯（John Burroughs）。这个组织的发展与帕顿女士所付出的不懈努力分不开，组织成立后她承担起学会秘书的工作。帕顿从一开始就建议编写一本反映本地鸟类的通俗手册，但是起初没有哪位专家愿意做，最后梅纳德（Lucy Warner Maynard）承担起这项看起来很普通实质上极为重要的手册的编写工作。"本地手册"出版后，反响强烈，好评不断。这部书受到学校、公立和私立图书馆、学会成员及其他自然爱好者的欢迎。（L.W. Maynard, 1935: 98-108）

5.3 培育中国的民间博物学组织

目前我们对各国大量的民间博物学组织缺乏细致了解，这些组织在保护野生动植物、开展环境教育中扮演了重要角色，需要对它们做深入的案例研究。

从 20 世纪初到解放前，中国这块土地上也成立了许多民间博物学组织、科学组织，但后来或被收编或自生自灭。长期以来，政府承担了无比繁重的协调"民间组织"的任务，把本来应当由民间组织做的社会工作、科学传播工作，大包大揽到自己手下。政府习惯于用行政手段来管理民间组织，这些组织由国家供养，表面上也十分繁荣，但是条条框框较多，自身发展缺乏内在动力。最近若干年，我国政府开始重视民间组织不可替代的作用，多次鼓励民间组织在一定范围内发展；政府也意识到社会化是科普工作的方向，希望全社会来做科普，试图动员社会力量参与科普（周立军、刘深，2011：21—25；40）。

科普是实际做出来的，而不是管理出来的。现在全国到处都是科普管理工作者，需要用那么多人来管理吗？本来，博物学民间组织很少涉及政治议题，国家大可放心让其自组织发展，并提供必要的便利条件。我们也向有关部门提议，在市级"十二五"科普规划中，将政府的科学传播工作与民间组织的科学传播工作结合起来，以项目制的方式适当向后者提供一些资助，扶持博物类民间组织发展壮大。

中国各地的观鸟会现在已经比较普及，比如北京、上海、江苏、河南、成都、浙江、武汉、深圳、泸州、常州、广西、集安、昆明、新疆、福建、安徽等均有自己的野鸟会或观鸟会（中国观鸟组织联席会议，2008—2010）。《中国鸟类观察》印刷精美、内容丰富，但也遇到一些问题，比如资金仍然短缺，这个极好的刊物仍然没有正式刊号，因而严重影响了它的传播，圈外的广大民众无法分享他们观鸟的乐趣。

"达尔问求知社"的草木学院（www.bjep.org.cn）、"自然之友"植物小组等，也组织了形式多样的博物学讲座和野外辨认植物的活动。

目前从事环境伦理、生态学、自然保护、博物学史研究的学者应当大力宣传博物学，一方面要在学校恢复博物学导论课程（刘华杰，2010.02.25：11），另一方面要多做这方面的公众讲座，并像克赖维斯（Beth Clewis）一样，向公众推荐合适的博物学入门读物（B.Clewis，1992：16-18）。另外，改进博物类图书的发行，也应当考虑发展博物学组织，在这方面奥杜邦学会已经提供了很好的例证。

广东省在2011至2014年做了许多努力，鼓励发展民间组织，分担原本由政府来做的事情。"广东计划用5年时间在全省培育扶持300个环保社会组织，打造3~5个规模较大在全国有较大影响力的龙头组织，建立环保社会组织参与环境保护的社会行动体系。"（陈小雁，2014.12.15）这当然是好事，但就全国范围整体而言，做得还不好。政府对民间博物组织、环保组织的"自组织发展"还不够放心，需要进一步放权。

科学传播涉及多层面的主体，如国家、企业、科学共同体、媒体、民间组织、个人等，在所有这些主体之上可能还有不容易得到利益表征的"超国家主体"。缪尔、利奥波德等博物学家，有着超越主权国家、

红海滩。摄于辽宁盘锦。

民族国家之上的更为远大、更值得珍视的眼光。当下盛行的"国家视角"在生态上可能是短视的、破坏性的（斯科特，2011）。以各种身份存在的博物学爱好者，通过修炼有特色的米提斯（metis）知识和能力，更多地参与地方性、全国性的公共事务对话，可以在所有这些层面发挥影响力；他们对大自然的热爱、对人与地球系统可持续发展的关注，将有助于全球生态系统的良性发展。

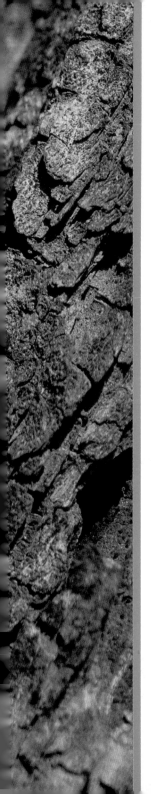

第六章

走进草木世界

感知是既不可能用学位，也不可能用美金去取得的。

——利奥波德

你静待之，空着手，就会满载而归。

——狄勒德

我闲游，邀请我的灵魂一起，我悠闲地俯身观察一片夏天的草叶。

——惠特曼（Walt Whitman，1819—1892）

我从红尘中率先早退，你却在因果之间迟到。

——仓央嘉措

有一次到海边，我突然喜欢上了贝壳。贝壳展现的美令人惊叹，由此我认为仿生学大有可为。有一阵子我深陷其中，购买了一堆贝类图书，也收藏了若干自己喜欢的贝壳，比如反旋盔螺、反常盔螺、罗地岛长旋螺、黄双旋蜗牛、紫口皱疤坚螺、福氏宝贝、拉马克眼球贝、黑斑嵌线螺、扭螺、梯螺、奇异宽肩螺、金色美法螺、花鹿宝螺、鲨皮宝螺、蟾海兔螺、绶贝、风景榧螺、鼹贝、陷塔宝螺、珍长鼻螺、长笛螺等。这其中我感觉最美的是风景榧螺和福氏宝贝，进化之精致难以形容。不过，经理性思考，我决定放慢脚步，还是先巩固自己的植物爱好为妙，等过了若干年再"全面接触"贝类也不迟。说到底，个人接触贝壳基本是间接的，因为几乎不可能下海亲自观察贝类。植物就不同了，普通百姓的博物入口应当选择植物。

赏花可以有各种各样的目的。我们放松了，由"眼花"而"心花"，个体自在了，世界也少了几分争执。"一边赏花，一边护法"（仓央嘉措，2009: 35），属颇高境界，普通人不必这样难为自己。到野外看植物，只要觉得有趣，就可以尝试。不必问太多，更不必想太多，体验一段时间后再说。

我们生活在一个越来越实际的时代。"浪费"大好时光，走进自然世界，似乎必须先从个人切身利益方面得到"论证"，需要见证者。这并不难做到，我邀请朋友们"浪费"一下，有位朋友发明了一个说法："时间就是供人浪费的！"不浪费在这儿，就浪费在那儿。

草木，我从小就喜欢，接触较多。最关键的是，接触它们非常容易。现在仍然有机会"拈花惹草"，感觉越来越好。多认得了植物，也多结识了喜欢植物的朋友。

请大家先把本章的章首引语读一遍，用不了一分钟，但仔细体会、实践，可能需要一辈子。读后，则可以"上路了"。

走进草木世界起步阶段，应当备一些植物图谱，我推荐汪劲武的《常见野花》和《常见树木》(北方)，邓莉兰的《常见树木》(南方)，王辰的《华北野花》，王小平等著的《北京森林植物图谱》，徐景先等主编的《北京湿地植物》，许智宏、顾红雅主编的《燕园草木》，广西药用植物园编的《中草药花谱》，潘超美、黄海波主编的四册《中草药原植物鉴别图册》。地方植物志也少不了，北京的朋友最好复印一套《北京植物志》。网络版多种植物志，包括《中国植物志》及其英文版，也要勤查多用。

近些年我随手写了若干花花草草，大多收在北京大学出版社出的《天涯芳草》中。后来写的几则，放在这里。它们绝非样板，只起一点点提示作用，希望读者也经常记录自己的自然生活。

有博物之心，则"万物皆有欢喜处"。

6.1 燕园里的盒子草

2010 年 8 月 26 日，我的车"限行"，必须在 7 点前从西三旗到达北京大学校园，否则就违章了。由于到校太早，办公人员还要一个多小时才能上班，就趁着清晨空气尚未变热，到燕园后湖随便转转。不知不觉来到校园最北部的 13 公寓，季羡林先生晚年就住在这里。13 公寓的东侧原来有个招待所，校内称之"北招"，最近几年拆掉后建起了古色古香的"科维里天文与天体物理研究所"。13 公寓坐北朝南，门口正对着朗润湖。在湖心岛（北大中国经济研究中心所在地）与 13 公寓之间的湖体中曾有一片荷花，人称"季荷"，如今已不见了踪影。曾将北京春天的大地染蓝的二月蓝，茎叶枯萎，早结出了种子，此时也难觅芳容，下一代到中秋时会长出心形叶。在我刚毕业那年，就是在这里，先生指着小山坡上的二月蓝亲口跟我讲，闻一多先生很喜欢这种植物。季老如今已仙逝，但当年先生的音容笑貌就在我眼前，季老爱猫，谈话间家养的那只猫的叫声和上下窜动的样子，像电影一样闪过。季老是优秀的博物学家，似乎少有人这样评论先生，但我坚信无论从一阶还是二阶的意义上，他都名副其实。

今年湖里缺水，湖中的植物反而更茂盛，只是苦了苔菜。芦苇和泽芹高过人头，长芒稗也有一米多高。北岸垂柳枝条优雅地随风舞动，萝藦善于"发现"，它的茎寻到湖边垂下的柳枝，缠绕而上，带绒毛的五角星状小花缀了一串。靠西一侧有片竹林，背阴处生长着大片牛膝。所有这些植物都在意料之中。不过，当我沿曲折的小径继续向西时，觉得湖中青草上开小白花的草质藤本植物有些异样。其心状戟形叶有点像遍布深圳的微甘菊（*Mikania micrantha*），难道菊科入侵植物微甘菊从南方迅速冲到了北方？细看，茎的特征对不上，微甘菊的茎非常特别，以左旋为主，同株上偶尔也有右旋的，而面前的这种藤本植物茎并不缠绕，花更对不上。卷须、花、果实的特征均显示眼前的植物是葫芦科藤本植物盒子草（*Actinostemma tenerum*）。相机上 GPS 数据为：N39° 59.83′，E116° 18.18′，海拔 46 米。燕园中有此种植物，乃一大喜讯。

盒子草，也称合子草，其中文命名，朴素而精准，堪称模范。此植物果实卵状下垂，每粒果实中只含两枚种子，所谓"合子"，想必《本草纲目拾遗》称之"鸳鸯木鳖"，也是基于这一特点。关于名字，还有另一种解释。此植物果实中间有一道缝合线，将果实分为上下两部分，好似一个小盒儿装着两枚宝贝。盖儿朝下，表皮比另一半光滑许多，状如铅垂线的铅坠，只是顶端如手枪子弹头，并不十分尖锐。成熟时盖儿会脱落，两枚灰黑色种子便自动坠落。这种"盖裂"特征也出现在同科的棱角丝瓜（*Lufffa acutangula*）子房端点上，这种丝瓜我在昌平种过多年，采收过大量种子，对此印象深刻。果实成熟后，小盖儿一碰就开，种子便哗哗流下。同科的喷瓜（*Ecballium elaterium*）更绝，果实成熟时，轻轻一碰，蒂果分离，果蒂处迅速喷出液体和种子，好似火箭点火一般。最近浏览北京药用植物园，刚刚见识了喷瓜。生命进化出如此精致的结构，着实令人叹服。

2007 年，我看到台湾《自然保育季刊》上的一篇文章"低地荒野中的稀有植物——合子草"后，对这种植物产生了极大的兴趣。这篇文章共 4 页，图文并茂，写得极好。为了观察盒子草，我曾多次开车上百公里到北京延庆田宋营，虽然在早春见到过幼苗，在初夏见过爬满芦苇的藤蔓，在冬天见到过冰面上冰冻着的种子，却始终没机会欣赏到正在开花、结果的植株。如今它现身我们校园，花果等一应俱全，盒子草的花和果，摄于北京大学校园北部。用手轻轻捏快要成熟的盒子草果实，小盒沿缝合线上下张开，两枚种子现身。

真是应了老话："踏破铁鞋无觅处，得来全不费功夫"。

今年春季校园图书馆南侧草坪换草，暑期第二体育馆东操场破土改建、鸣鹤园"润泽整治"等等，折腾死大量已经适应校园的植物，杠柳、大茨藻、针蔺等先后被毁。一想到这些，心里便愤愤不平。今天意外见到盒子草，安慰了许多。平心而论，燕园草木，如燕园学子一般，进进出出，一届又一届、一代又一代，这本是正常事啊，我又何必多想？

文献记载，盒子草有小毒，味苦、性寒，可利尿消肿、清热解毒，另可治毒蛇咬伤。我查了一下，20 世纪，纽约植物园和邱园的植物杂志对此属植物报导极少，只有几处简要提及。但最近几年中，日本与中国学者特别关注此植物，论文开始增多。有人专门研究中药盒子草的药理和毒理作用，致变、抗变效应，也有人对不同产地合子草的多糖含量进行了测定。元素分析表明，盒子草种子含 20 种元素，其中钾含量最高；另外，在其种子脂肪油中鉴定出 11 种成分，多为不饱和脂肪酸。

6.2 两种豚草侵入永定河

"生物入侵"（biological invasions）这几个字看起来很正规、挺吓人，普通百姓似乎虽有耳闻，但通常没有直观印象，觉得这类事距自己的生活很遥远。福寿螺、松材线虫、牛蛙、食人鲳等动物进驻中国，紫茎泽兰、薇甘菊等植物大举入侵中国，那也多半是南方的事，与咱首都北京无关。但是，意大利苍耳、光梗蒺藜草、香丝草这些外来物种已成功落户北京，黄顶菊也正在逼近北京，这些"客人"确实不怀好意。近来，臭名昭著的豚草也不请自来，悄悄溜进北京。

到百花山、小龙门和灵山看植物，通常我会从永定河东侧沿 G109 进入门头沟，但 2010 年 8 月 16 日这一次因道路施工，我被错误地导向了河西侧，只好沿西边的石担路（S209）进入永定河河谷。不过，正好因为这一点，才见到了豚草。

开始时为一截"几"字型路段，车子由右而左（由东而西）刚绕到左边的"一撇"时，路北的河道中出现几个修成不久的人工小水泡，水边人工栽种了若干水生植物。此处路南正是即将停产的首钢鲁家山石灰石矿区。我把车停好，到水边想瞧瞧有哪些植物。离十多米远就见几株孤立的大叶草本植物长在泡子边上。走近看，大吃一惊，竟然是三裂叶豚草（*Ambrosia trifida*），一种厉害的入侵植物。其英文名为 great ragweed，"大豚草"的意思。这是自 2007 年 7 月 24 日在长春南湖第一次见到它后，第二次偶然碰到。

在半平方公里的区域，共找到 20 多株，其中有 8 株已经在顶端抽出淡黄的花序，但小花还没打开。其花序的形状在不同的层次展现出不同的结构。微观上看为头状花序，中观上看为穗状花序，宏观上看为总状花序。二十分钟后，当我要离开时，突然在较矮的杂草中发现另一种豚草（*Ambrosia artemisiifolia*），英文名为 common ragweed，"普通豚草"的意思。仔细搜索，找到 5 株。

　　我开车时走时停，过下苇甸时走 X010，仍然沿永定河逆流而上，一共检查了大约 25 公里河道。在人工水泡集中地段几乎处处可以找见这两种豚草。其中色树坟附近的河道中，豚草成片生长，并有人工喷药杀灭的痕迹。许多植株嫩尖变蔫、干枯，但植株并没有死。我用四个小时的粗略调查得出结论：两种豚草已经大范围进驻永定河河套的人工湿地。

　　三裂叶豚草和豚草外表差异很大，容易区分。前者茎粗壮高大，叶 3 裂或 5 裂对生，叶片个头与构树叶相仿。后者相对较矮、茎细，二回羽状复叶互生。但两者花序结构极相似，花冠淡黄色，为风媒花。这两种豚草，原本中国没有，北京更没有，它们来自北美。据报导，

豚草的羽状复叶

1992 年它们就已经进入中国 15 个省市，现在的占领范围可能更广。

这两种豚草的危害主要表现为两个方面：(1) 其花粉是过敏源，危害百姓的身体健康。黄色雾状的花粉，会令人打喷嚏、流鼻涕、气喘、皮肤发痒等。在美国过敏患者中，有 75% 的人对豚草花粉过敏。(2) 繁殖迅速，与本土植物争夺生存空间，破坏生态平衡。此外，它们还影响畜牧业。吃豚草的牛和羊，产下的奶汁品质会下降。

据我个人观察，永定河边的两种豚草，至少现在看还没达到危险的疯狂繁殖的地步。及时采取措施，有可能避免日后的一系列灾害。用什么措施？要喷药吗？我认为喷药是下策，理由是：(1) 不经济。目前豚草数量虽然不少，但在长长的河道分布广而不集中，三裂叶豚草多半零星出现。用喷药的办法杀死并防止扩散，不知道要消耗多少农药。即使喷了许多，仍然可能有漏网者。(2) 污染水体和周围环境。当前最有效的办法，可能是最原始的、最土的办法：在它们开花前用手拔？一棵一棵地拔？没错！我想象不出比这更优的办法。当天，我已经顺手拔掉不下 50 株，曾有一位村民直朝我瞪眼睛，显然以为我在搞破坏。

要控制豚草在永定河的泛滥，可能需要动员沿岸的许多人，不断地拔。坚持若干年，我认为会有明显效果。

达到"明显效果"要有两个前提：第一，必须立即行动。再过几年，豚草的范围肯定会扩大，那时再处理就晚了，成本会很高。第二，要"通缉"这两种植物，让更多的百姓准确认出它们，人人诛之。因此，我希望杂志社的编辑，不要吝啬版面，多刊出几张豚草照片，照片要

豚草叶的背面及茎

豚草的花序

三裂叶豚草，叶三裂或五裂对生。

三裂叶豚草的茎细部

三裂叶豚草的花序

三裂叶豚草的花序细部

足够大，使任何人都能看得清楚。

监测生物入侵，只靠科学家是不够的。培养公民的博物学，让大家关注身边的环境变化，可能是极有效的办法。北京的科普项目，也应当考虑如何推进人人能参与的博物学。（2010.12.11）

补注 1：我国南方曾用广聚萤叶甲（*Ophraella communa*）和豚草卷蛾（*Epiblema strenuana*）来对付豚草，但这种生物防治的办法现在还无法用在北京永定河，主要是因为这里的豚草在狭长地带分布太散。

补注 2：2014 年 10 月 7 日我到北京市昌平区兴寿镇西新城子村西侧、辛庄村南侧又发现了菊科万寿菊属一种入侵种——小花万寿菊（*Tagetes minuta*），也称印加孔雀草，原产于南美洲，《中国植物志》及其英文修订版 FOC 均未收录。

6.3 崂山上的野茉莉

关于青岛的崂山，我一直以来的印象是，它靠近海边，那里有道士；其他的就不清楚了。2010 年开车去了一趟，发现崂山最特别的是，山上长着一种美丽的植物，而我以前从未见过。

现在从北京驾车到胶州半岛十分方便，高速公路已遍布山东。2010 年 6 月 3 日由北京经淄博、潍坊、蓬莱到烟台，第一晚住在威海，第二天一早到成山，这已是山东半岛的最东端。乘船登海驴岛观海鸟用去 5 个小时，在成山头旅游区见到单瓣的玫瑰；下午沿海岸向西南方向行进，在银滩看了各种便宜的房子。晚上住乳山。第三天，6月5日，直奔青岛崂山。

想开车沿海边走S312进崂山，没门！公路已经收归公园成为内部资产！留下买路钱（门票），乘景区专门游览车才可以经过。我们在太清宫附近，由海边朝东北方向沿一条小路上山。行30分钟，在太清索道的下方，小路边有几株特别的小乔木引起我的注意，坐标为北纬36°8.42′，东经120°40.44′。

树高约2.5米，侧枝发达，树形优美，满树是绿叶和白花。叶互生，卵形，纸质。总状花序顶生，有花4—8朵，下垂。花萼漏斗状，萼齿不明显。花梗细长，达2厘米，与花萼一样外披稀疏星状柔毛。花丝扁平，花柱长于花丝。花冠白色，5瓣。花柱能存留较长时间。北京似乎可以考虑引种，用作观叶、观花均相当不错。

我左思右想，不认识这种美丽的植物。甚至它处在哪个科，也判断不了。我认识的上百个科的植物中，哪个跟它也不像。

6日经东营（看湿地）、黄骅（看古贝壳堤）、天津回到北京，第一件事就是搞清楚崂山上的白花植物叫什么。给北京大学植物分类学专家汪劲武老师打电话，简要描述了植物的特征。汪老师见多识广，电话中我们先排除了一些可能性，汪老师迅速猜测是某种"野茉莉"。我半信半疑。按汪老师提供的线索，上网查中英文两种版本的《中国植物志》，马上搞定。它就是安息香科安息香属毛萼野茉莉（*Styrax japonicus* var. *calycothrix*），它是野茉莉的一个变种，当年的模式标本就采于崂山。没想到，前后不到10分钟，就知道了它的芳名。当然，

青岛崂山的安息香科植物毛萼野茉莉

最应当感谢的是汪老师。老先生对植物地理、形态、分类的掌握达到相当高的境界,遇到不认识的植物求助于汪老师,是最有效的办法。要修炼到汪老师的程度,除了勤奋刻苦外,还需要时间,各种零碎知识必须在漫长时间里不断发酵、建立索引。

　　我个人之所以感觉生疏,是因为安息香科在内蒙古、北京、河北根本就没有,实物、标本以前连一种也未曾见过。此次山东之行收获颇大,我的个人植物档案一下子增加了一个新科!《辽宁植物志》记

毛萼野茉莉花部细节

崂山的蕨类植物紫萁

录了安息香科（当时还称"野茉莉科"）1属2种，《山东植物志》记录了此科2属5种1变种，《贵州植物志》则记录了7属19种1变种。野茉莉属植物在地球上沿近东西向分布，从日本、朝鲜到中国的辽宁、山东、贵州、云南一线分布。以前没把崂山当回事，现在得知崂山在植物地理学上应当是一个重要的分界点，以后可能要专门安排来此考察了。

顺便提一句，5日中午在"崂山道味茶苑"（在S212上，靠近太清索道起点）继续朝北登山时，见到了一种紫萁科蕨类植物紫萁（*Osmunda japonica*），也非常漂亮。再往上爬，前方指路牌写着"瑶池"字样，估计山顶会有小水塘，或许是旅游部门胡编的一个名字。顶着烈日沿索道方向爬到一个山包上，一块巨大的花岗岩上的确写着"瑶池"，但我先前的估计显得太小儿科了。原来"瑶池"指的是大海！不在天上而在山下！从此处正好可以望见东北方向的一个海湾，蔚蓝的大海像一块宝石一样镶在远方。

6.4 植物名的读音

这一小节与户外观赏植物关系不大，但也不能说没关系，因为我们经常讲述植物的名字，读音是绕不过去的。

随便翻开一本汉字字典，大量汉字涉及植物名（比如草字头或木字旁的字），但今天的我们对于它们中相当一部分，根本不认识，更谈不上通晓古人使用那些字时的意义（meaning）和指称（reference）！即使当今中国植物学界常用的许多汉字，也不容易读准确。其中有些字出现频率又非常高，为方便初学者，避免一错再错，这里选了一部分，只列出正音。故意不列误读，以免被"带到沟里"！因为有时候读者本来会读，经常见到错误的读法，反而忘记了正音。个别字的读音可能有争议，使用时要小心。

■ 蔍：茶藨子属（*Ribes*），和藨草属（*Scirpus*），均读"标"。

■ 檗：小檗科小檗属（Berberis）与芸香科黄檗（*Phellodendron amurense*）中的檗，均读 bò，四声。注意，大黄檗（*Berberis francisci-ferdinandi*）属于小檗科，而不是芸香科。

牻牛儿苗科的牻牛儿苗
(*Erodium stephanianum*),
摄于北京。

■柽:柽柳,读"撑"。

■楤:五加科楤木属(*Aralia*),读"耸"。《康熙字典》《汉语字典》收有此字,《新华字典》(第 10 版)、《现代汉语词典》(第 5 版)、《辞源》未收。据《康熙字典》(第 540 页)"楤"同"桵"。据《广韵》,"桵作楤。仓红切,音恩。尖头担也"。楤确实有 cōng 这个音,但作此读法时意思是"尖头担,用以挑柴草捆",不是植物学五加科中诸多木本植物想表达的意思。英文版中国植物志,把楤注音为 cong(未标声调),

实际应当读作"耸"（sǒng），三声。

- 酢：酢浆草科（Oxalidaceae），读"醋"。
- 大：蓼科大黄、鸡爪大黄（*Rheum tanguticum*）、丽江大黄，读"戴"。
- 藁：伞形科藁本属（*Ligusticum*），读"搞"。
- 茛：毛茛科，读"亘"，四声。
- 桧：桧柏，读"贵"。
- 豇：豇豆，读"姜"。

蓼科的鸡爪大黄（*Rheum tanguticum*），青海青海湖。

毛茛科的露蕊乌头（*Aconitum gymnandrum*），青海祁连。

茜草科的海滨木巴戟（*Morinda citrifolia*），海南分界洲岛，《中国高等植物图鉴》称海巴戟。

■ 栝：葫芦科栝楼属（*Trichosanthes*），音"瓜"。

■ 楝：楝科楝属（*Melia*）和杜楝属（*Turraea*），读"恋"。

■ 蓼：蓼科蓼蓝，读"了"，三声。

■ 牻：牻牛儿苗科，读"芒"，二声，指黑白相间的牛。注意汉字中还有另一个字"牤",一声,指公牛。

■薸:天南星科大薸(*Pistia stratiotes*),读"嫖",二声。

■耆:黄耆,读"齐",如豆科黄耆属(*Astragalus*),指称与《现代汉语词典》"黄芪"(第5版,第601页)一样。据《中国植物志》豆科中还有一个属叫土黄芪属(*Nogra*),其中此属在中国只有一种植物叫广西土黄芪(*Nogra guangxiensis*),攀援草质藤本,具单小叶,被

桑科的柘树(*Cudrania tricuspidata*),北京。

粗长毛。可以看出，容易混淆。

■荨：荨麻，读"钱"，但在医学术语荨麻疹中，读"寻"。

■茜：茜草科茜草，读"欠"。

■芩：黄芩，读"秦"。

■荛：河朔荛花，读"饶"。

■莎：莎草，读"梭"。

■蓍：菊科的蓍属（*Achillea*）和天山蓍属（*Handelia*），玄参科的蓍草叶马先蒿（*Pedicularis achilleifolia*），读"施"，古人曾用蓍草的茎占卜。注意：《中国植物志》电子版存在打字错误，其中"岩黄蓍属"，应当是"岩黄耆属"。

■娑：龙脑香科娑罗双属（*Shorea*），七叶树科的娑罗树（*Aesculus chinensis*，即七叶树），均读"梭"。

■薹：禾本科薹草属（*Carex*）和泽薹草属（*Caldesia*），读"抬"，二声。

■橐：菊科橐吾属（*Ligularia*）和（*Ligulariopsis*），读"驮"。

■蕹：旋花科蕹菜（*Ipomoea aquatica*），即空心菜，读"瓮"，四声。

■芫：伞形科芫荽属（*Coriandrum*）和菊科山芫荽属（*Cotula*），均读"严"。

■柘：柘树，读"这"。

■术：菊科白术（*Atractylodes macrocephala*）、菊科苍术（*Atractylodes lancea*）、姜科莪术（*Curcuma zedoaria*），均读"竹"。

酢浆草科的阳桃（*Averrhoa carambola*），广西桂林。

■苎：苎麻属（*Boehmeria*），读"助"。

■柞：壳斗科柞栎，读"坐"。

6.5 紫葳科植物

认识植物，单靠推理是不成的，最主要的办法还是积累直接经验。但并非没有规律性可寻，关注某一个科，可以"一窝一窝"地认识一批植物。北京常见植物有一百多个科，其中之一为紫葳科。紫葳科没有蔷薇科、豆科、兰科那么"火"，但空闲的时候花点时间了解它，就能认识一批著名花卉。

紫葳科中并不包含紫薇！实际上紫薇与紫葳科没关系，紫薇是千屈菜科植物。

紫葳科至少有 120 个属，约 650 种。主要分布在热带和亚热带，只有少数分布到温带。此科植物多为乔木、灌木和木质藤本，很少为草本。我们不要被这些数字吓到，只要接触几个属几个种，就能发现规律性。北京红螺寺和陕西延安的角蒿、青海西宁的黄花角蒿、云南泸沽湖的毛子草（*Incarvillea arguta*），都是草本，三者同属于紫葳科角蒿属。

在北京大学校园里能同时见到紫葳科木本植物楸、梓树、黄金树，当然还有凌霄。前三者同科同属，能在同一校园中对比观察，这真是幸事。汪劲武老师告诉我，北大校园里的楸只见开花不见结果，我半信半疑；观察了几年，证明确实如此。什么原因，还不知道。北京八大处公园和北京市香山植物园也有楸，不知是否结实？紫葳科的植物，我在深圳福田和海南兴隆还见过炮弹果（*Crescentia cujete*），在海南和云南多处见过炮仗花（*Pyrostegia venusta*），在广西南宁和斯里兰卡康提见过蒜香藤（*Pseudocalymma alliaceum*），在福建厦门和广东七星岩见过吊瓜树（*Kigelia africana*），在广西南宁植物园和德天瀑布见过木蝴蝶（*Oroxylum indicum*）。它们各具独门"姿色"，值得驻足欣赏。

到目前为止，我见到的紫葳科植物共有十多种，不算多，但也不算少，由此已经能够总结出一个共性。从花形上看和系统发育上看，紫葳科与玄参科最相近。两个科的花均两侧对称，5数，雄蕊少于5。爵床科山牵牛（*Thunbergia grandiflora*）的花与紫葳科的花相近，为号角形，端口略朝上，花冠左右对称（两侧对称），5裂片中上部每侧2片，另1片位于下部中间。

在汉语中，我估计"紫葳科"一词来自"紫葳"，而"紫葳"与"凌霄"同义。《植物名实图考》作者吴其濬（1789—1847）说："紫葳即凌霄花。"他接着驳斥了一种传说："余至滇，闻有堕胎花，俗云飞鸟过之，其卵即陨。亟寻视之，则紫葳耳。青松劲挺，凌霍屈盘，秋时旖旎云锦，鸟雀翔集。岂见有胎殰卵殈者耶？俗传吉祥草、素心兰，

紫葳科的炮仗花，摄于云南西盟。

皆能催生，取其佳名，以静人嚣而已。夫鼻不闻其臭，口不尝其味，而药性达于腹中，无是理也！否则簪花满髻，折枝供瓶，皆为茛菪下乳之毒草，其能不坏不㾮（pi）、无灾无害者，鲜矣。"（见第998条）在云南，紫葳确实也叫"堕胎花"，也许它曾用于堕胎，但没那么玄。其花通经利尿，治跌打损伤，倒是有记载。

紫葳科拉丁文写作 Bignoniaceae，词源上与18世纪的法国牧师毕牛（Jean-Paul Bignon，1662—1743）有关，他曾管理过法王路易十四的御书房（博物学大师布丰1739年开始担任御书房总管）。毕牛曾被选为法兰西语言科学院（Académie française，英文写作 French Academy，中译文则五花八门，如"法兰西学院""法兰西学术院"）的院士，为第20席，此院一直只保持40个席位，院士为终身制。1753年布丰也成为40名院士之一，这一年布丰《博物学》第四卷出版。

毕牛的弟子、著名植物学家图尔内福于1694年以他的名字命名了紫葳属（*Bignonia*）和紫葳科（Bignoniaceae）。值得注意的是，汉语对此科植物的命名与拉丁文并非完全对应，凌霄虽称紫葳，却不在紫葳属中，而在凌霄属（*Campsis*）中。

紫葳科植物花大美丽，藤本中金黄色的凌霄、金色的炮仗花和天蓝色的蒜香藤，园林界早已应用，近些年作为乔木的火焰树（*Spathodea campanulata*）在海南省也大量出现。

2011年春节期间第三次到海南，住在刚启用不到一年的三亚明申锦江高尔夫酒店，楼下美丽的热带花园中就有盛开的火焰树。每天起床后，我都要为它们拍摄几张，有一次还幸运地观察到小鸟在为它们传粉。火红的花朵都开在树顶，距地面很高，为了拍摄花序的整体构造，我站在酒店 2507 房间五层的阳台上用 150—500 毫米变焦镜头，把楼下火焰树拉近。来到树下细致观察火焰树，一回奇数羽状复叶，对生；花序伞房状、总状，顶生，十分密集，好似一个无穷无尽的圆形"大花盘"（香港称此植物为"喷泉树"），花盘的中心部位，由密集的褐色花萼构成。在花盘最外围，每天有四五只"红手帕"从裂开的佛焰苞中露出，展开，张开的号角围成一圈装点着花盘。早晨，树上落下几十朵凋谢的大花，带有弯钩状的萼片。花朵依然十分新鲜，佛焰苞状花萼为褐色，外被短绒毛，长 5 厘米；花蕊一律向上。雄蕊 4，长 6 厘米；花柱长 7 厘米，柱头 2 裂；花冠 5 裂，左右对称，大小约 8 厘米 ×10 厘米。花冠末端镶有宽度为 1 毫米的金黄色边沿，使火焰树的花朵变得更为雅致。

度假的最后一天，在"天涯海角"景区出口处，竟然无意间找到一株较矮的火焰树。它的一束花序距地面只有 1.4 米，有几朵正盛开着，不费吹灰之力就可以零距离欣赏它们。天阴沉，下着小雨，装上 SB-800 闪光灯，拍摄并不碍事。早知如此，前面四天就不必花费那么多精力，不用扛着"大炮"在树下拍、楼上拍了。世事难料，我又怎么可能有先知先觉？也许，上天是让爱花人最后总复习一下呢！没有前面几天辛苦，可能就没有后面的惊人呈现。

火焰树原产于热带非洲，称"非洲郁金香树"（African tulip tree），它是加蓬共和国的国花。其实用英文描述植物时，tulip 字样经常出现，就像汉语中经常出现某某"兰"一样。单纯的"tulip tree"，指的是木

紫葳科火焰树的密集花序，摄于海南三亚。

兰科的美洲鹅掌楸。2004 年邱园与 DK 合作出版的一本大书《植物》中介绍，火焰树在一些国家已经成为入侵物种，特别是在南太平洋地区（第 469 页）。在中国，似乎还不必担心。

2011—2012 年我在夏威夷到处见到火焰树这个外来种入侵野地，影响本土种的生存，对这种植物的好感立刻降低了许多。

6.6 周口店猿人吃什么菜？

2011 年 4 月 9 日，时隔 25 年，我再次来到北京房山周口店北京人遗址。1986 年地质系读本科在此野外实习，主要是看附近的房山花岗岩。当时住在周口店猿人展览馆北侧的二层宿舍约一周，然后转赴涞源看铜矿。那时候伙食不大好，只有一个菜，野外考察累得够呛，回到驻地总盼望餐桌上有一点肉丝，肥些也行。当时自然就有一个疑问：我们身边从 60 万年前到 2.5 万年前漫长时期生活的数代"祖先"每天都吃什么？当然，"祖先"是泛指，现在已很难找到直系血脉，据研究，北京猿人后来灭绝了。

博物馆的展品我仔细看过，一些相关小册子也读过几种，这个问题到现在也难回答。

就现在的布展模式来说，说来说去，都是讲猿人吃了多少种动物，如肿骨鹿、鬣狗、披毛犀、葛氏斑鹿、三门马、鱼、猕猴、熊、羚羊、剑齿虎、拟德氏后裂爪兽、维氏狒狒、豪猪、李氏野猪、鼢鼠、貂、猪獾、北京斑鹿、赤鹿等等，现在这些动物不是灭绝了就是不见踪影（指在北京周口店找不到了）。猿人天天吃"野味"，真是幸福！

　　猿人们天天吃肉，或者吃肉的机会多于吃素？虽然展览没明说，但给人的印象就是这样。真的如此吗？大量出土文物和布展方式清楚地暗示了这一点。猿人即使吃了大量的植物，证据大部分都丢失了，

春天猿人更可能吃榆钱儿，榆科。

因为植物易腐。

展览中倒是有一处提到猿人们可能吃朴树籽。我瞧了一眼，圆锥形的玻璃瓶里装着出土的榆科小叶朴的种子。我认得此种子，能不能吃还不清楚。猿人最喜欢吃朴树籽？完全没道理，或许只有这东西保存下来了。

猿人们的生活应当是很艰苦的。他们没有我们现代人的住房，也用不着考虑炒房地产，他们住在石灰岩溶洞中，冬天的日子应当是不好过的。据统计，他们中近七成活不到 14 岁，能活到 50 岁的不足 5%。

从猿人的牙口看，他们是杂食动物，植物肯定是要吃的，吃植物可能还要多于吃肉。

北京猿人生活时期，周口店地质、地形与现在差不多，但气候略温暖。到了山顶洞人时期，气候变冷，甚至比现在还冷。

他们那时吃哪些植物？大米？那时农业还不发达，还没有从南方引进水稻。玉米？那时与美洲还没有联络，墨西哥的玉米还没来。菠菜、花生米、辣椒、茄子？这些在那时都不可能长在周口店。不过，那时周口店的山上、水体中一定有许多野果、野菜可供猿人食用，比如山核桃、板栗、野葡萄、山药、芡实、莲子、桑葚、山杏、毛樱桃、梨、山楂、羊乳（轮叶党参）等。

可是，在早春，他们能吃到什么？上述植物大部分是入夏以后，特别是在秋天才能吃到。春天伊始，比如 4 月初，他们走出山洞，眼前嫩嫩的绿色植物肯定是首选食物。

山桃、山杏刚开完花，李子正在开花，此时都没法吃。地上偶有

三褶脉紫菀，菊科。

开黄花的桃叶鸦葱（*Scorzonera sinensis*）、大量的甘菊嫩苗、三褶脉紫菀（*Aster ageratoides*）都算得上美味了。山下的荠菜、水芹、沼生蔊菜、平车前更是要吃的。山坡上还有野韭菜，可作不错的调料。

桃叶鸦葱，菊科。

　　我在周口店龙骨山上转了一圈，绕过气象站以及2号发掘点，得出一个结论：北京猿人此时最可能吃的是榆钱儿！这里榆树很多，榆钱也有一定的营养，微甜。我们小时候就上树采食榆钱儿。猿人不会坐视不食，而专门琢磨着想吃肉吧！

　　猿人吃什么、怎么吃，都有相当的合理性，大自然在进化中产生了人，允许了人的生存。但是在现代，人吃遍天下，吃光了野味，也吃坏了身体，这就不符合"天理"了，违背了生物进化的适应性规则。

三褶脉紫菀的花非常漂亮。摄于北京延庆。

红丁香。花的颜色从红到白多种多样。

转了大半天，我也饿了。开车来到"秋和盛"，要了一碗羊杂儿和一碗烩面，共 24 元。吃起来还是很香的。山顶洞人大概喝不上羊杂汤吧！

6.7 谁来阻止鸡矢藤？

2011 年 5 月 10 日北京大学汪劲武老先生给我打电话，确认了前一天我塞在生物系标本馆门锁上的标本是红丁香，北大校园近几年植入了越来越多的红丁香。之后，先生说："在校园里看到鸡矢藤没有？""没有啊，"我想了几秒钟后做出回答。

我在北大燕园中的确没有见到，在香山附近和马连洼药用植物园附近倒是见到许多逸生的。先生说："我先不告诉你在哪儿，你找一找，也算考考你！"

第二天我到学校，上午、下午、晚上都有课，能分出来找植物的时间极有限。先生根本没告诉我在校园里哪个区域，也不好意思问。既然是考考我，就得自己下功夫找了。这倒令我想起在东北读小学时学校组织春游在野外"捉特务"的游戏：教师提前上山到指定的区域内在树上、树下、草丛、石头下等处藏好纸条，纸条上写着不同级别的特务官职，学生上山搜寻，按找到的特务官职大小领奖。此活动持续一个上午。我记得还找到过类似狼的幼崽！

侵入北京大学校园的鸡矢藤，拍摄于 2011 年 5 月 11 日。

上课前我在北大校园转起来，当然不是无目标地转，而是找最近有植物移栽迹象的地方。先在东门校医院南的竹林寻找，这地方可能性较大。鸡矢藤一般是通过引进南方的竹子而带到北京的。后来又到陈守仁国际中心、北阁、塞万提斯像、校史馆、国际关系学院东、燕南园、燕南美食北、大讲堂前等地察看，均没有。

在三角地见到正在拆房子，通向南校门的马路东侧是新建的教育学院，走到楼前发现已经 9：52，得转往二教了，10：10 在二教 425 室有课。于是沿教育学院北墙向东走，眼睛仍然向右侧墙根望，突然发现一株鸡矢藤！这种左手性的半木质化的茜草科藤本植物好认，隔三米远就可以鉴定出来。附近又找到一株。有一株显现出去年的老茎，这表明它是去年就落户此地了。

不说踏破铁鞋吧，也着实费不少精力，这里相见，心中窃喜。急忙打电话告诉汪老师，汪老师确认正是此地！原来先生也是在这见到鸡矢藤的。

可是，北大出现鸡矢藤，不是件好事，这东西繁殖迅速，没准会泛滥开来。不过，在开花结籽之前，它还相对安全，串根繁殖毕竟较慢。

下午在承泽园上完课，再次来到教育学院，绕楼一周，在东西两面没有发现异常，但在南部一个较大的草地上，见到约十株鸡矢藤，长得黑亮。周围有高大的国槐，似乎并没影响它们生长。下午补拍了照片。从此将静观鸡矢藤生长变化了，一旦有危险，我将全力将其清除燕园。当然，这事得悄悄做，因为不知情者准以为我在搞破坏。

鸡矢藤与火炬树都是人为引进的有害物种，只不过后者是有意的，前者是无意的。

鸡矢藤进入北京以来，我观察了多年，现在它已严重入侵马连洼一带的荒地和香山附近的山坡。它繁殖能力极强，估计以后会加速传播，侵占北京更多的地盘。建议有关部门密切关注鸡矢藤，提早采取措施对其加以控制。

火炬树的叶子

鸡矢藤也并非一无是处，据刘克襄介绍，熬煮鸡矢藤的叶汁，可做美味食品黑色粿食（刘克襄，2011：163—164）。在香港和台北，鸡矢藤都可当菜吃。

6.8 鸡鸣山见识新植物

由北京沿京藏高速（G6）向西北行 130 公里，荒凉的大地上冒出一个"站赤"（即驿站）：鸡鸣山驿，简称鸡鸣驿。它靠近怀来、涿鹿，旧时归宣化府保安州管辖，现由河北张家口市下花园区管理。此驿站始建于元代，明清两代扩建，早先多为军用，后多为商用，直到 1914 年撤驿。

鸡鸣驿是现存最完好、最大的古代驿城，国务院 2001 年将其列为全国重点文物保护单位。城内可参观的景点有驿馆、泰山庙、壁画、房舍等十多处，包括 110 年前慈禧太后西逃时下榻的老房子。若干电影曾借景鸡鸣驿城，如《血战台儿庄》《大决战》。

鸡鸣驿，得名于西北不远处的鸡鸣山。作为孤山，鸡鸣山像一只巨大的鸡冠子，孤零零地立在大地上。去小五台和张家口，我时常路过鸡鸣驿和鸡鸣山，但从未走近去瞧。2011 年端午节放小长假，6 月 5 日在爱人陪同下专程登鸡鸣山看植物。

在鸡鸣驿出口下京藏高速，右转走 G110，不远处左手就是鸡鸣驿城。沿 G110 右侧可见鸡鸣山。向下花园方向继续前行，再北转（右转）

有公路直通鸡鸣山北侧，景区大门位于半山腰处。就海拔而论，鸡鸣山不算什么，最高点不过1130米。但是这座孤山平地突起，周围没有其他山岭与之相连，显得格外挺拔险峻，想登上去也并非易事。

山路两侧遍植来自美国的火炬树，偶尔有一些本地的槭属植物。鸡鸣山算是当地有名的景点，有关部门正大兴土木。在两面高悬"鸡鸣山"字样的古式牌楼附近，停车场和不算很大的林济光明塔（2008年建成）辅助建筑仍在建设中。门票40元，停车另收费5元。几处售货点无论如何也找不到介绍此景点的图书、小册子。这倒符合中国当下景区的通例：好风景缺文化。

由北向南登山，三处较大的建筑群分别呈现。先是右手的财神殿，接着是左手的观音殿，正对着的是较大的永宁寺。有趣的是，永宁寺是一座三教合一的寺院，以佛教为主，辅以儒教和道教，大雄宝殿后面有较小的孔圣殿和老君殿。至此，路旁岩青兰、蛇莓、天仙子（正在开花）、直立黄耆、杂配藜、山桃、乌头叶蛇葡萄、红花锦鸡儿（已结果）、三裂绣线菊（正在开花）、芹叶铁线莲、短尾铁线莲等极常见，没有意外之处。在接近永宁寺时突然见到一种奇怪的毛茛科唐松草属植株。3—4回羽状复叶，叶片发白，被腺毛，茎叶硬朗。一开始以为是生病的已知种类，检查多株后确认，当为自己以前从未见到的新物种。由于在野外便能确认它是唐松草属植物，回家后不到一分钟就查得它是腺毛唐松草（*Thalictrum foetidum*）。

真正的登山从永宁寺才开始，马道与人道合一。之字形小路坡度合适，行走并不困难。沿途特色植物主要有：小叶鼠李、树锦鸡儿、

鸡鸣驿的西门。由城里向城外拍摄。

穿龙薯蓣、虎榛子、蚂蚱腿子（种子已成熟）、小叶白蜡、石沙参、雀儿舌头、六道木、太平花（花稀疏）、大叶榆、蒙椴、河蒴荛花、矮韭、黄精、裂叶堇菜、猫眼草等。

　　山路两侧有一种小灌木，四处生长着。但我无论如何也想象不出它是哪个科的。好在拍摄了许多照片，请教林秦文后得知是藜科的华北驼绒藜（*Krascheninnikovia arborescens*）。据《河北植物志》，北京门头沟就有此种植物，但《北京植物志》未收录。

　　途中有一块大石板，侧立小路旁，相传是"卧龙石"，当年康熙亲征葛尔丹凯旋返朝，登鸡鸣山时在此休息过，并题诗一首："鸟道盘空近塞垣，洋河如带绕山根。停銮欲览沿边势，石上藤萝手自扪。"山下的确有洋河，但如今水已经不多。康熙题诗大概不假，但是否坐过这块石头，就难说了。

腺毛唐松草，毛茛科。摄于鸡鸣山。

　　边走边拍摄，不到半小时就到了山顶。山脊近似东西向，脚下的岩层为碳酸质沉积岩，几乎直立，也就是说原来水平沉积的地层沿着东西走向被翻起 90 度。鸡鸣山在地质学上颇有讲究，是一个座典型的"飞来峰"：总体上看地层顺序倒置，老地层扣在新地层上。现在的山顶是元古代震旦纪地层，山腰是中生代侏罗纪地层，山脚为新生代第四纪地层。

　　山脊上有若干历史遗迹，由东向西依次为风雨桥、南天门、灵官庙、玉皇殿和碧霞元君殿（始建于魏孝文帝太和五年，即公元 231 年）。风雨桥东一块大石头上有个裂缝，千万年来积攒了一些泥土，一株祁州漏芦从根部发出 6 支花葶，其中 3 支已完全开放，3 只飞舞的

矮韭，百合科。

斗毛眼蝶在花头上觅食。为了能拍到花、蝶，还能收入南天门，我爬过岩石，趴在靠北的草丛中拍摄。这样做务必小心，否则后果不堪设想，情形将如灵官庙前摆放的一个小牌子所警告的："进一步，万丈深渊；退一步，无限风光"。看来，为官与看风景，道理是相通的。碧霞元君也称泰山奶奶，于是鸡鸣山也叫奶奶山。如今院子里还放置一座山西人不久前铸造的奶奶钟，做工十分粗糙。

在碧霞元君殿前有多块石碑，我察看半天，发现只有清嘉庆三年立的《补修鸡鸣山西顶记》碑文还算清晰，首句是："鸡山之西顶有碧霞宫，与东顶中寺相辉映。"由此也可知，此山至少在清代还叫鸡山。

山顶阳光强烈，不宜久留。考虑下山时，猛然发现碎石中有十多株尚未开发的两色补血草，还有矮矮的裸子植物单子麻黄（*Ephedra monosperma*），有点喜出望外。

好戏还在后头。侧着身下山，上山时未曾注意的画面展开了：在东侧山脊草地上若干开着鲜艳黄花的小草引起我的注意。花冠二唇形，下唇三裂，一看就知道是玄参科植物，但不知道什么种。把已知的种类一一想过，都不是，这将是一个新种。当然只是对我而言。查电子版《中国植物志》，得知是蒙古芯芭（*Cymbaria mongolica*）。这个译名较好，有点类似"仙客来"的中文命名。坐在地上观赏蒙古芯芭时，视角降低，又发现了毛茛科的灌木铁线莲（*Clematis fruticosa*），虽然还未开花，但从茎叶可以分辨出来。

不过，这仍然不是全部。回到停车场，驱车下山准备去石佛山。路窄弯急，只能慢慢开，窗外有数株开花的防风吸引我停车观看。此

华北驼绒藜，藜科。

次停车绝对是正确的，不但见到了灰叶黄耆（开着鲜艳的粉红花）、粘毛黄芩、远志，另一种新植物也进入视野。从其花的形状看，像某种唐松草；从丝状叶看，像某种水生毛茛科植物。有了这些初步判断，

虎榛子，桦木科。

到家后查书，迅速确认是丝叶唐松草（*Thalictrum foeniculaceum*）。于是，此行新见识的植物增加到 6 种！这是极大的收获了，因为多数情况下，一次出行连一新植物也碰不上。看来，赤城、张家口、涿鹿一带还要多次前去看看。

下午，继续向北去石佛山。中途在观音堂村老六农家乐吃午饭，主人热情而质朴，点了两个菜：炒鸡蛋和炒"黑狗筋"。后者为野菜，原料为毛茛科短尾铁线莲嫩苗，口感很好，只是太咸。石佛寺入口处有大量野生的黄刺玫，沟口只有一家矿泉水厂和几栋尚未建成的别墅。沿小路见到桔梗科的沙参和玄参科的短茎马先蒿。前者茎有毛、笔直、中空，易与同属植物荠苨（茎之字形，外被白粉等）区分开来。后者生于林下或草丛中，叶具 5 厘米以上的长柄，萼筒上有长柔毛。它是北京多种马先蒿中茎最短者，因此也容易辨认。临别时，在沟边看见一种叶披针形的小灌木，左瞧右瞧不认识。从叶背面看，找到还没开放的小花苞，一柄两花，猜测是忍冬科忍冬属植物。回来查植物志，乃华北忍冬。据记载，密云、怀柔、门头沟都有，但可能因为花期较

蒙古芯芭，玄参科。

晚且植株较矮，我以前没见到。

补记：2011 年 6 月 13 日，在北京白草畔山梁上巧遇正在开花的金花忍冬，美不胜收。而这也诱惑我瞧瞧那华北忍冬的花。7 月 6 日，刘兵和我两人从内蒙古太仆寺旗看完石条山的花岗岩柱状节理，向南行进，经过河北沽源、赤城，翻山越岭，又来到观音堂附近的石佛寺，目的是看上次未能相见的华北忍冬的花。但来晚了，枝头已经结出了小果子：长长的果柄上支着两个小疙瘩。遗憾吗？不。我至少知道它的花是在 6 月 5 日之后、7 月 6 日之前开放的，甚至还可以把"区间"弄得更窄一些，比如 6 月 10 日至 6 月 30 日之间。来年再赏其花吧。忘记了，我要出国一年，来年不成，最早也得后年了。

后年就一定能相见吗？享受不确定性吧。

你以全然的自然等待，没有期待或期盼，掏空了的，透明的，而那来临的东西就会摇撼并推倒你；它会剪割、松开、投射、扇筛、磨碾。（狄勒德，2000：314）

鸡鸣山山顶斗眼毛眼蝶在祁州漏芦花头上觅食

防风，伞形科。

丝叶唐松草，毛茛科。

参考文献

然一草一木皆有理，须是察。

——朱熹，吕祖谦

热带地区的土著欲望很少，当他们满足基本的生活所需以后，就别无他求了，因此如果不是由某一强烈的刺激，他们是不会为了额外的奢侈品而工作的。……然而，欧洲贸易的自由竞争，引进了两个使土著们努力工作的诱因——烈酒和鸦片，这两个强烈的诱惑物，对大多数未开化的人来说，都是不可抗拒的。为了得到烈酒和鸦片，他们会出卖自己的一切，而且也会努力工作以便买到更多的毒品。

——华莱士（Alfred Russel Wallace, 1823—1913）

美是真实的。我绝对不会否认的；可怕的是我会忘记。

——狄勒德

Allen, David Elliston(1994). *The Naturalist in Britain: A Social History.* Princeton, N.J.: Princeton University Press.

Allen, David Elliston(2010). *Books and Naturalists.* London: Harper Collins Publishers.

Anderson, J.G.T.(2013). *Deep Things out of Darkness: A History of Natural History.* Berkeley and Los Angeles: University of California Press.

Armstrong, Patrick H.(2000). *The English Parson-Naturalist.* Trowbridge: Cromwell Press.

Arnhart, L.(1998). *Darwinian Natural Right: The Biological Ethics of Human Nature.* New York: State University of New York Press.

Ashworth, W. B.(1996). Emblematic Natural History of the Renaissance. In : *Cultures of Natural History.* edited by N.Jardine, J.A.Secord and E.C.Spary. London: Cambridge University Press.

Barnhardt, R. and Kawagley, A.O.(2005). Indigenous Knowledge Systems and Alaska Native Ways of Knowing. *Anthropology and Education Quarterly*, 36(01) : 8-23.

Bartholomew, George A.(1986). The Role of Natural History in Contemporary Biology. *BioScience*, 36(05):324-329.

Bates, M. (1950). *The Nature of Natural History.* New York: Charles Scribner's Sons.

Beagon, M.(1992). *Roman Nature: The Thought of Pliny the Elder.* Oxford: Clarendon Press.

Benson, Keith R.(1986). The Young Naturalists' Society and Natural History in the

Northwest. *American Zoologist*, 26(02)：351-361.

Blunt, Wilfrid (2001). *Linnaeus: The Compleat Naturalist*. Princeton and Oxford: Princeton University Press.

Boyd, K.(1989). *Medicine and the Naturalist Tradition: A Brochure to Accompany an Exhibition of Medically-Related Natural History Books*. National Library of Medicine Bethesda, Maryland.

Brosius, J.P.(1997). Endangered Forest, Endangered People: Environ-mentalist Representations of Indigenous Knowledge. *Human Ecology*, 25(01): 47-69.

Burkhardt, Richard W. Jr.(1999). Ethology, Natural History, the Life Sciences, and the Problem of Place. *Journal of the History of Biology*, 32(03):489-508.

Clewis, B. (1992). Books for the Amateur Naturalist: Sources of Experiments & Activities for Outdoor Biology Classes. *The American Biology Teacher*, 54(01): 16-18.

Cook, G. A.(1994). *Rousseau's" Moral Botany": Nature, Science, Politics and the Soul in Rousseau's Botanical Writings*, Dissertation. Cornell University.

Cook, G. A.(2010). Linnaeus and Chinese Plants: A Test of the Linguistic Imperialism Thesis. *Notes and Records of the Royal Society*, (64): 121-138.

Desmond, Ray (2007). *The History of the Royal Botanic Gardens Kew*. 2nd. Royal Botanic Garden, Kew: Kew Publishing.

Eastman, L. M.(2006). The Portland Society of Natural History: The Rise and Fall of a Venerable Institution. *Northeastern Naturalist*, 13(01):1-38.

Farber, P. L.(2000). *Finding Order in Nature: The Naturalist Tradition from Linnaeus to E.O. Wilson*. Baltimore and London: The John Hopkins University

Press.

Fa-ti Fan(2004). *British Naturalists in Qing China*. Cambridge: Harvard University Press.

French, Roger (1994). *Ancient Natural History: Histories of Nature*. London and New York: Routledge.

Foucault, M.(2002). Preface to *The Order of Things*. London and New York: Routledge, xvi.

Gadgil, M. *et al.*(1993). Indigenous Knowledge for Biodiversity Conservation. *Ambio*, 22(02/03): 151-156.

Grant, P. R.(2000). What Does It Mean to Be a Naturalist at the End of the Twentieth Century? *American Naturalist*, 155(01):1-12.

Healy J. F.(1999). *Pliny the Elder on Science and Technology*. Oxford: Oxford University Press.

Hostetler, J.A.(1993). *Amish Society*. Baltimore and London: The Johns Hopkins University Press.

Jardine N. *et al.* ed.(1996). *Cultures of Natural History*. Cambridge: Cambridge University Press.

Johnson, Richard I.(1997). Maine's Portland Society of Natural History. *Northeastern Naturalist*, 4(03): 189-196.

Johnson, Richard I.(2004). The Rise and Fall of the Boston Society of Natural History. *Northeastern Naturalist*, 11(01): 81-108.

Leopold, A.(1989). *A Sand County Almanac*. New York and London: Oxford University Press.

Levine, Joseph M.(1983). Natural History and the History of the Scientific Revolution. *Clio*, 13 (01): 57-73.

Mabey, R.(2006). *Gilbert White*. London: Profile Books.

Margulis, L.and McMamin, M.(1992). Editor's Introduction to the English Text, In:*Concept of Symbiogenesis*. by Liya Nikolaevna Khakhina. New Haven and London: Yale University Press.

Maynard, L.W.(1935). The Audubon Society of the District of Columbia. *Records of the Columbia Historical Society*, Washington, D.C., 35/36: 98-108.

Merriam, C. H.(1893). Biology in Our Colleges: A Plea for a Broader and More Liberal Biology. *Science*, 21(543):352-355.

Moss, Stephen(2004). *A Bird in the Bush: A Social History of Birdwatching*. London: Aurum Press .

Naylor, Simon(2002). The Field, the Museum and the Lecture Hall: The Spaces of Natural History in Victorian Cornwall. *Transactions of the Institute of British Geographers*, 27(04): 494-513.

Ogilvie, B.W.(2006). *The Science of Describing: Natural History in Renaissance Europe*. Chicago and London: The University of Chicago Press.

Phillips, Denise(2003). Friends of Nature: Urban Sociability and Regional Natural History in Dresden, 1800-1850. *Osiris*, 18: 43-59.

Pickstone, J.V.(2001). *Ways of Knowing*. Chicago and London: The University of Chicago Press.

Pierotti, R. and Wildcat, D.(2000). Traditional Ecological Knowledge: The Third Alternative. *Ecological Applications*, 10(05) : 1333-1340.

Polanyi, M.(1946). *Science, Faith and Society*. Chicago: University of Chicago Press.

Polanyi, M.(1962). *Personal Knowledge: Towards a Post-critical Philosophy*. Chicago: University of Chicago Press.

Polanyi, M.(1963). Background and Prospect. In: *Science, Faith and Society*. Chicago and London: The University of Chicago Press, 7-19.

Polanyi, M.(1974). *Scientific Thought and Social Reality*. edited by Fred Schwartz. New York : International Universities Press.

Polanyi, M.(1983). *The Tacit Dimension*. Gloucester: Peter Smith.

Pugwash Conference (1958.09.19). Vienna Declaration. Part 7. The Third Pugwash Conference held at Kitzbuhel in Austria.

Raven, C.E.(1986). *John Ray: Naturalist*. Cambridge and London: Cambridge University Press.

RSPB (2011.03.01). History of the RSPB, http:// www.rspb.org.uk.

Ryan, A.(2008). Indigenous Knowledge in the Science Curriculum: Avoiding Neo-colonialism. *Cultural Studies of Science Education*, (03): 663–702.

Sachs, Julius von(1967). *History of Botany*. New York: Russell and Russell.

Schmidly, D. J.(2005). What It Means to Be a Naturalist and the Future of Natural History at American Universities. *Journal of Mammalogy*, 86(03): 449-456.

Schmidt, K. P.(1946). The New Systematics, the New Anatomy, and the New Natural History. *Copeia*, (2):57-63.

Shteir, Ann B.(1996). *Cultivating Women, Cultivating Science: Flora's Daughters and Botany in England 1760 to 1860*. Baltimore and London: Johns Hopkins

University Press.

Sokolowski，Robert(2000). *Introduction to Phenomenology*. Cambridge: Cambridge University Press，13.

Spak，S.(2005). The Position of Indigenous Knowledge in Canadian Co-management Organization. *Anthropologica*，47(02): 233-246.

Spary，E.C.(2004). Scientific Symmetries. *History of Science*，42 (01) :01-46.

Spencer，Larry T.(1986). Naturalists and Natural History Institutions of the American West. *American Zoologist*，26(02): 295-297.

White，G.(1977). *The Natural History of Selborne*. London: Penguin Books.

Wilcove，D. S.(2000). The Impending Extinction of Natural History. *The Chronicle of Higher Education*，47(03): B24.

Woody，T.(1993). Grassroots in Action: The Sierra Club's Role in the Campaign to Restore the Kissimmee River. *Journal of the North American Benthological Society*，12 (02): 201-205.

阿尔谢尼耶夫（2005）. 在乌苏里的莽林中 . 王士燮等译 . 北京：人民文学出版社 .

阿里巴巴（＝刘华杰）（2009）. 伏地魔之子论纯科学推进的速度 · 我们的科学文化 · 科学的算计 . 上海：华东师范大学出版社，256—260.

奥勃罗契夫主编（1955）. 研究自己的乡土 . 北京：中国青年出版社 .

半夏（2006）. 中药铺子 . 广州：南方日报出版社 .

鲍勒（1999）. 进化思想史 . 田洺译 . 南昌：江西教育出版社 .

北京大学 1970 级工农兵学员（1974）.《论语》批注 . 北京：中华书局 .

北京高等师范学校博物学会（1919）. 博物杂志（*The Magazine of Natural History*），1（01）.

北平博物学会、燕京大学生物学系（1939）. 北平博物杂志（*Peking Natural History Bulletin*），13（03）.

波兰尼（2000）. 个人知识. 许泽民译. 贵阳：贵州人民出版社.

波兰尼（2004）. 科学、信仰与社会. 王靖华译. 南京：南京大学出版社.

布封（＝布丰）（2010）. 自然史（应当为"博物志"或者"博物学"）. 陈筱卿译. 南京：译林出版社、凤凰出版传媒集团.

曹雪芹、高鹗（1996）. 红楼梦（第9回）. 人民文学出版社，81—82.

曹增友（1999）. 传教士与中国科学. 北京：宗教文化出版社.

陈兼善（1925）. 中学校之博物学教授法. 上海：商务印书馆.

陈菁霞、白彬彬（2014.11.12）. 刘华杰：博物学复兴正当时. 中华读书报，7.

陈军、孙辉（2009）. 先秦、秦汉博物学初探. 乐山师范学院学报，24（02）.

陈文新（1999）. 镜花缘：中国第一部长篇博物体小说. 明清小说研究，（02）：129—137.

陈小雁（2014.12.15）. 壮大环保组织，让专业的人做专业的事. 广州日报.

陈振夏（2008.12.11）. 兴趣不是奢侈品：从喜欢花鸟虫鱼的日本皇子说起. 科学时报，A1.

成都高师范博物学会（1922）. 博物杂志，1（01）.

戴斯蒙德，穆尔（2009）. 达尔文. 焦晓菊、郭海霞译. 上海：上海科学技术文献出版社.

狄勒德（2000）. 溪畔天问. 余幼珊译. 台北：先觉出版股份有限公司.

杜就田编译（1916）. 博物学大意（*Outlines of Natural History*）. 上海：商务印书馆.

杜祎洁（2015.01.16）. 千万不要把他放出来. 南方周末.

段伟文（2008）. 作为人类有限知行体系的科学 // 我们的科学文化·科学的异域.

江晓原、刘兵主编.上海:华东师范大学出版社,130—150.

费曼(2006).费曼讲物理入门.秦克诚译.长沙:湖南科学技术出版社.

福柯(2001).词与物:人文科学考古学.莫伟民译.上海:上海三联书店.

福柯(2003).知识考古学.谢强、马月译.北京:生活·读书·新知三联书店.

弗拉斯卡-斯帕达、贾丁主编(2006).历史上的书籍与科学.苏贤贵等译.上海:上海科技教育出版社.

冈元凤纂辑(2002).毛诗品物图考.王承略点校、解说.济南:山东画报出版社.

高明乾主编(2006).植物古汉名图考.郑州:大象出版社.

光明网(2015.01.09).温州公安局采购木马病毒,官方称已介入调查.http://news.china.com/domestic/945/20150109/19190343.html.

郭耕(2011).读古诗看生命.兰州:甘肃少年儿童出版社.

胡淼(2007).《诗经》的科学解读.上海:上海人民出版社.

胡塞尔(1988).欧洲科学危机与超验现象学.张庆熊译.上海:上海译文出版社.

胡宗刚(2009).庐山植物园最初三十年(1934—1964).上海:上海交通大学出版社.

华莱士(2004).马莱群岛自然科学考察记.彭珍、袁伟亮译.北京:中国人民大学出版社.

怀特(2002).塞耳彭自然史〔=塞耳彭博物志〕.缪哲译.广州:花城出版社.

黄世杰(2004).蛊毒:财富和权力的幻觉.南宁:广西民族出版社.

黄世杰(2010).人类学视阈中的昆仑山和建木——都广之野.宗教学研究,(01):126—131.

季羡林(1998).糖史//季羡林文集(卷9和卷10).南昌:江西教育出版社.

季羡林(2009).蔗糖史:体现在植蔗制糖上的文化交流轨迹.北京:中国海关

出版社.

贾雯鹤（2004）.《山海经》专名研究.成都：四川大学博士生论文.

贾祖璋（2001）.贾祖璋全集（第三卷）.福州：福建科学技术出版社.

金周英（2014.12.26）.从人文视角探讨人类未来.科技日报，8.

江晓原（1995）.历史上的星占学.上海：上海科技教育出版社.

江晓原、龚丹韵（2011.03.03）.科学能否真正带来幸福？解放日报.

江晓原、刘兵（2011）.是中兴博物学传统的时候了！中国图书评论，（04）.

蒋竹山（2008）.清代的人参书写与分类方式的转向：从博物学到商品指南.华
中师范大学学报（人文社会科学版），47（02）：69—75.

卡特莱特（2006）.斑杂的世界：科学边界的研究.王巍、王娜译.上海：上海世
纪出版集团.

克拉夫（2005）.科学史学导论.任定成译.北京：北京大学出版社.

孔令伟（2008）.博物学与博物馆在中国的源起.新美术，29（01）：61—67.

夸曼（2010）.珍·古道尔冈贝五十年.华夏地理，（10）：148—167.

莱布尼茨（1985）.莱布尼茨自然哲学著作选.祖庆年编.北京：中国社会科学
出版社.

莱斯利，罗斯（2008）.笔记大自然.麦子译.上海：华东师范大学出版社.

勒迈尔（2009）.以敞开的感官享受世界.施辉业译.桂林：广西师范大学出版社.

李敬福（2013.5.11）.北京市严重精神障碍患病率为10.03‰，约15万人.中国
新闻网.

李约瑟（2006）.植物学（中国科学技术史第6卷第1分册）.袁以苇等译.北京：
科学出版社.

李芸（2011.01.06）.博物，是一种情怀.科学时报.

联合早报网（2015.01.09）. 温州公安局采购木马程序，监控手机通话引舆论哗然. http://www.zaobao.com/news/china/story20150109-433121.

林丹夕（2011.01.13）. 迎接平民博物学新时代. 新华书目报·科技新书目，A04.

林日仗（2010）. 明清时期来华西人对中国大黄的记述. 中华医史杂志，40（02）：80—86.

刘兵（2009）. 克丽奥眼中的科学（增订版）. 上海：上海科技教育出版社.

刘钝（2002.03.01）. 炭疽、克隆人与致毁知识. 科学时报，B3.

刘华杰（2003.08.03）. 新博物学. 文汇报.

刘华杰（2005.03）. 博物学与自然美：植物茎手性一例 // 艺术与科学. 北京：清华大学出版社，67—76.

刘华杰（2007）. 看得见的风景：博物学生存. 北京：科学出版社.

刘华杰（2008）.《植物学》中的自然神学. 自然科学史研究，27（02）：166—178.

刘华杰（2008.05.15）. 关于《诗经》的博物学. 科学时报，B3.

刘华杰（2009）. 植物的茎向左转还是向右转：漫话地方性知识与博物学 // 首都科学讲堂：名家讲科普（4）. 周立军主编. 北京：中国对外翻译出版公司，143—170.

刘华杰（2010a）. 大自然的数学化、科学危机与博物学. 北京大学学报（哲学社会科学版），47（03）：64—73.

刘华杰（2010b）. 理解世界的博物学进路，安徽大学学报（哲学社会科学版），（06）：17—23.

刘华杰（2010c）. 自由意志、生活方式与博物学生存. 绿叶，（11）：35—42.

刘华杰（2010d）. 博物学与地方性知识 // 科学的越位. 江晓原、刘兵主编. 上海：华东师范大学出版社，33—61.

刘华杰（2010.02.25）.博物学应当在高等教育中站稳脚跟.中国社会科学报，11.

刘华杰（2010.03.18）.在英格兰看鸟.中国社会科学报.

刘华杰（2010.04.01）.怀特与塞耳彭博物志.中国社会科学报.

刘华杰（2010.04.15）.林奈：给大自然和博物学带来秩序.中国社会科学报.

刘华杰（2010.04.20）.《诗经》中的"萧".大众科技报，C04.

刘华杰（2011a）.天涯芳草.北京：北京大学出版社.

刘华杰（2011b）.博物学、科学传播与民间组织.科普研究，（03）：32—39.

刘华杰（2011c）.两种豚草侵入永定河.科技潮，（01）：40—41.

刘华杰（2011d）.寻访怀特故乡塞耳彭.明日风尚，（04）：154—156.

刘华杰（2011e）.博物学论纲.广西民族大学学报（哲学社会科学版），33（06）：
　　2—11.

刘华杰（2012.02.27）.赋比兴不仅仅是文学手法.中国社会科学报.

刘华杰（2014a）.檀岛花事：夏威夷植物日记.北京：中国科学技术出版社.

刘华杰（2014b）.博物学文化与编史.上海：上海交通大学出版社.

刘克明（2008）.中国图学思想史.科学出版社.

刘克襄（2011）.草木之细微，饮食之末节：岭南野菜采食略记.明日风尚，（04）：
　　163—164.

刘胜利（2011.03）.身体、空间与科学：梅洛／庞蒂的空间现象学研究.北京：
　　北京大学哲学系博士学位论文.

刘益东（2000）.人类面临的最大挑战与科学转型.自然辩证法研究，16（04）：
　　50—55，转封四.

刘益东（2002）.试论科学技术知识增长的失控（上、下）.自然辩证法研究，18
　　（04）：39—48；18（05）：32—36.

刘宗迪（2001）. 人类学：科学性及其障眼法 . 民族艺术，（02）：33—38.

刘宗迪（2006 ／ 2010）. 失落的天书：山海经与古代华夏世界观 . 北京：商务印书馆 .

刘宗迪（2007）. 民俗志与时空观的地方性 . 民间文化论坛，（01）.

刘宗迪（2008.04.17）. 博物学或福柯的笑声 . 天涯博客：http://blog.blog.tianya. cn/blogger/post_show.asp?BlogID=279938&PostID=13447897&idWriter=0& Key=0

刘宗迪（2004）. 五行说考源 . 哲学研究，（04）：35—41，转 95.

卢梭（1986）. 忏悔录（第一部黎星译、第二部范希衡译）. 北京：商务印书馆 .

卢梭（2006）. 孤独漫步者的遐想 . 钱培鑫译 . 南京：译林出版社 .

卢梭（2011）. 植物学通信 . 熊姣译 . 北京：北京大学出版社 .

罗南改编（2010）. 中华科学文明史 . 李约瑟原著 . 上海：上海人民出版社 .

罗欣 .（2007）.《博物志》成因三论 . 求索，（09）：174—176.

罗仲春、罗毅波（2008）. 新宁植物 . 北京：中国林业出版社 .

马古利斯，萨根（1999）. 倾斜的真理：论盖娅、共生和进化 . 李建会等译 . 南昌：江西教育出版社 .

马衍营（2010）. 思维科学视阈下博物学教育的作用 . 通化师范学院学报，31 （09）：24—26.

曼德尔施塔姆（2010）. 曼德尔施塔姆随笔选 . 黄灿然等译 . 广州：花城出版社 .

毛子水（2009）. 论语注译 . 重庆：重庆出版集团 .

毛中秋（2014.12.26）. 中兴博物学：访北京大学刘华杰教授 . 中国社会科学报，A05.

苗力田（1990）.《亚里士多德全集》序 // 亚里士多德全集（第一卷）. 苗力田主编 .

北京：中国人民大学出版社．

缪哲（2002）.《塞耳彭自然史》译后记 // 塞耳彭自然史．广州：花城出版社．

纳什（1999）.大自然的权利．杨通进译．青岛：青岛出版社．

纳什（2012）.荒野与美国思想．侯文蕙、侯钧译．北京：中国环境科学出版社．

楠川幸子（2006）.图解自然 // 历史上的书籍与科学．弗拉斯卡-斯帕达等著．苏
　　贤贵等译．上海：上海科技教育出版社，103—128.

潘富俊（2003）.诗经植物图鉴．上海：上海书店出版社．

庞朴（1988）.《五行篇》评述．文史哲，（01）：3—15.

庞朴（1989）.火历钩沉．中国文化，（01）：3—23.

庞朴（1994）.解牛之解．学术月刊，（03）：11—20.

庞廷（2002）.绿色世界史：环境与伟大文明的衰落．王毅等译．上海：上海人民
　　出版社．

彭兆荣（2009）.此"博物"抑或彼"博物"：这是一个问题．文化遗产，（04）：1—8.

秦艳燕（2009.06）.西学东渐背景下的中国传统博物学：以《康熙几暇格物编》
　　和《格致镜原》为视角．浙江大学硕士学位论文．

饶沛（2011.07.08）.全市 27 种外来入侵植物明显扩散．新京报，A22.

阮帆（2005.05.25）.博物学追求无用之用．北京科技报，B13.

萨顿（2012）.希腊化时代的科学与文化．鲁旭东译．郑州：大象出版社．

舍普等（2000）.非正规科学：从大众化知识到人种科学．万佚等译．北京：生
　　活·读书·新知三联书店．

上海中华博物学研究会（1914）.博物学杂志，1（01）.

山内繁雄、野原茂六（1925）.博物学教授指南（*A Guide to Teaching Natural
　　History*）.译述严保诚、陈学郢、杜亚泉．上海：商务印书馆．

史次耘（2009）. 孟子注译 . 重庆：重庆出版集团 .

斯科特（2011）. 国家的视角 . 王晓毅译 . 北京：社会科学文献出版社 .

索科拉夫斯基（2009）. 现象学导论 . 高秉江、张建华译 . 武昌：武汉大学出版社 .

苏贤贵（2002）. 梭罗的自然思想及其生态伦理意蕴 . 北京大学学报（哲学社会
科学版），39（2）：58—66.

孙关龙（2000）.《诗经》草木虫鸟研究回顾 . 学习与探索，（01）：112—116.

孙关龙（2007）. 二十一世纪是发扬光大自然国学的世纪（上）. 北京行政学院学
报，（05）：86—90.

孙辉（2007）. 魏晋博物学兴起原因探析 . 许昌学院学报，26（04）：29—33.

梭罗（2009）. 野果 . 石定乐译 . 北京：新星出版社 .

特鲁松（1998）. 卢梭传 . 李平沤、何三雅译 . 北京：商务印书馆 .

田松（2005.06.22）. 刀耕火种的生存智慧 . 中华读书报 .

田松（2007）. 有限地球时代的怀疑论 . 北京：科学出版社 .

田松（2008）. 神灵世界的余韵 . 上海：上海交通大学出版社 .

田松（2014）. 警惕科学 . 上海：上海科学技术文献出版社 .

托马斯（2008）. 人类与自然世界：1500—1800 年间英国观念的变化 . 宁丽丽译 .
南京：凤凰出版传媒集团 .

万英敏（2005.04）.《桂海虞衡志》的文献学研究 . 上海：华东师范大学的硕士
学位论文 .

汪若海，李秀兰（2007）. 中国棉文化 . 北京：中国农业科学技术出版社 .

汪振儒（1957）. 瑞典博物学家林内诞生二百五十周年纪念 . 生物学通报，（05）.

汪子春（1981）. 李善兰和他的《植物学》，（02）：28—29.

汪子春（2010）. 中国古代生物学 . 北京：中国国际广播出版社 .

王磊、常存库（2008）.博物学能给中医带来什么？ 医学与哲学（人文社会医学版），29（354）.

王其冰（2015.01.19）.刘华杰：博物学让我们回到生命母体.亚太日报.

王其冰（2015.01.19）.一个哲学教授的"植物人生".亚太日报.

王文采口述、胡宗刚访问整理（2009）.王文采口述自传.长沙：湖南教育出版社.

王秀梅译注（2006）.诗经.北京：中华书局.

王一方（2006.04.27）.医学家的博物学情怀.中华医学信息导报，21（08）：15.

王一方（2009）.医学：为什么不是科学？ // 我们的科学文化：伦理能不能管科学？江晓原、刘兵主编.上海：华东师范大学出版社，33—57.

维吉尔（2009）.牧歌.杨宪益译.上海：上海人民出版社.

沃斯特（1999）.自然的经济体系.侯文蕙译.北京：商务印书馆.

沃斯特（2007）.自然的经济体系：生态思想史.侯文蕙译.北京：商务印书馆.

吴国盛（2004.08.30）.博物学是比较完善的科学.中国中医药报.

吴国盛（2008）.自然的发现.北京大学学报，45（02）：57—65.

吴国盛（2009.08.25）.追思博物科学.中国社会科学报.

吴国盛，刘华杰，苏贤贵（2007）.博物学的当代意义.北大讲座（第15辑）.北京：北京大学出版社，286—295.

吴其濬（2008）.植物名实图考.张瑞贤等校注.北京：中医古籍出版社.

吴起朋（1941）.初中博物学题解（三册：动物学之部、植物学之部、生理卫生学之部）.长沙：湘芬书局.

吴征镒（1954）.中国植物学历史发展的过程和现状，2（02）：335—348.

武昌高等师范学校博物学会（1918）.博物学杂志，1（01）.

夏纬瑛（1990）.植物名释札记.北京：中国农业出版社.

肖广岭（1999）. 隐性知识、隐性认识和科学研究，15（08）：18—21，转 32.

肖显静（2008）. 古希腊自然哲学中的科学思想成分探究. 科学技术与辩证法，25（4）：72—81.

熊姣（2014）. 约翰·雷的博物学思想. 上海：上海交通大学出版社.

熊姣（2014.12.26）. 博物学的西学东渐. 中国社会科学报，A05.

徐昂（2010.05）.《尔雅》的博物思想解读. 呼和浩特：内蒙古大学硕士学位论文.

徐保军（2011）. 林奈的博物学. 广西民族大学学报（哲学社会科学版），33（06）：25—31.

薛之白（2015.01.09）. 比尔盖茨喝"粪水"的启示. 联合早报（早报网专稿）.

姚大志（2010.05）. 具身性与技术：德雷福斯现象学技术哲学思想研究. 北京：北京大学哲学系博士学位论文.

佚名（2008）. 万叶集（上）. 金伟、吴彦译. 北京：人民文学出版社，552；568.

尹绍亭（2000）. 人与森林：生态人类学视野中的刀耕火种. 昆明：云南教育出版社.

于翠玲（2006）. 从"博物"观念到"博物"学科. 华中科技大学学报（社会科学版），（03）：107—112.

余欣（2014.12.26）. 中国博物学传统的世界价值. 中国社会科学报，A04.

郁振华（2010）."没有认知主体的认识论"之批判：波普、哈克和波兰尼. 哲学分析，（01）：147—157，转 196.

袁剑（2014.12.26）. 博物学、近代化与民族国家认同. 中国社会科学报，A04.

张晶晶（2014.12.26）. 像探险家一样享受大自然的苦与乐. 中国科学报，12.

张开逊（2010）. 探究科学普及的人文内涵. 科普研究，（03）：15—16.

张立（2003.08.21）. 清末博物学讲义. 中国商报.

张梦然（2010.08.11）.霍金称人类下世纪必须移居外星球.科技日报.

张锐锋（2014.12.26）.博物学与人类文明：由自然博物类书籍畅销谈开.中国社会科学报.

张永宏（2009）.本土知识概念的界定.思想战线，（02）：1—5.

赵美杰（2008.05）.赞宁《物类相感志》研究.上海：华东师范大学的硕士论文.

郑樵（2000）.通志（卷75昆虫草木略第一）.杭州：浙江古籍出版社，865—866.

中国观鸟组织联席会议（2008—2010）.中国鸟类观察，2008，（60）：21—23；（63）：21—23；（64）：18—21；2009，（68）：26—27；2010，（73）：34—35.

中国科学院自然科学史研究所院史研究室编（2008）.薛攀皋文集.北京：中国科学院自然科学史研究所院史研究室印行.

周立军、刘深（2011）.关于北京市社会力量参与科普工作的调查报告.科普研究，（06，增刊）：21—25；40.

朱孟庭（2004）.《诗经》取义析论.东吴中文学报，（10）：1—36.

朱渊清（2000）.魏晋博物学.华东师范大学学报（哲学社会科学版），32（05）：43—51.